苹果 高效栽培技术

PINGGUO GAOXIAO ZAIPEI JISHU YOUWEN BIDA

有问必答

山东省科学技术厅
山东省农业科学院　　组编
山 东 农 学 会

何 平　李林光　主编

U0239259

中国农业出版社

农村读物出版社

北 京

🎧 本书编委会

主　　编：何　平　李林光

副主编：王　森　王海波　常源升

参　　编：何晓文　隋曙光　王传增　孟凡尧

序

农业是国民经济的基础，没有农村的稳定就没有全国的稳定，没有农民的小康就没有全国人民的小康，没有农业的现代化就没有整个国民经济的现代化。科学技术是第一生产力。习近平总书记2013年视察山东时首次作出"给农业插上科技的翅膀"的重要指示；2018年6月，总书记视察山东时要求山东省"要充分发挥农业大省优势，打造乡村振兴的齐鲁样板，要加快农业科技创新和推广，让农业借助科技的翅膀腾飞起来"。习近平总书记在山东提出系列关于"三农"的重要指示精神，深刻体现了总书记的"三农"情怀和对山东加快引领全国农业现代化发展再创佳绩的殷切厚望。

发端于福建南平的科技特派员制度，是由习近平总书记亲自总结提升的农村工作重大机制创新，是市场经济条件下的一项新的制度探索，是新时代深入推进科技特派员制度的根本遵循和行动指南，是创新驱动发展战略和乡村振兴战略的结合点，是改革科技体制、调动广大科技人员创新活力的重要举措，是推动科技工作和科技人员面向经济发展主战场的务实方法。多年来，这项制度始终遵循市场经济规律，强调双向选择，构建利益共同体，引导广大科技人员把论文写在大地上，把科研创新转化为实践成果。2019年10月，习近平总书记对科技特派员制度推行20周年专门作出重要批示，指出"创新是乡村全面振兴的重要支撑，要坚持把科技特派员制度作为科技创新人才服务乡村振兴的重要工作进一步抓实抓好。广大科技特派员要秉持初心，在科技助力脱贫攻坚和乡村振兴中不断作出新的更大的贡献"。

山东是一个农业大省，"三农"工作始终处于重要位置。一直以来，山东省把推行科技特派员制度作为助力脱贫攻坚和乡村振兴的重要抓手，坚持以服务"三农"为出发点和落脚点、以科技人才为主体、以科技成果为纽带，点亮农村发展的科技之光，架通农民增收致富的桥梁，延长农业产业链条，努力为农业插上科技的翅膀，取得了比较明显的成效。加快先进技术成果转化应用，为农村产业发展增添新"动力"。各级各部门积极搭建科技服务载体，通过政府选派、双向选择等方式，强化高等院校、科研院所和各类科技服务机构与农业农村的连接，实现了技术咨询即时化、技术指导专业化、服务基层常态化。自科技特派员制度推行以来，山东省累计选派科技特派员2万余名，培训农民968.2万人，累计引进推广新技术2 872项、新品种2 583个，推送各类技术信息23万多条，惠及农民3亿多人次。广大科技特派员通过技术指导、科技培训、协办企业、建设基地等有效形式，把新技术、新品种、新模式等创新要素输送到农村基层，有效解决了农业科技"最后一公里"问题，推动了农民增收、农业增效和科技扶贫。

为进一步提升农业生产一线人员专业理论素养和生产实用技术水平，山东省科学技术厅、山东省农业科学院和山东农学会联合，组织长期活跃在农业生产一线的相关高层次专家编写了"新时代科技特派员赋能乡村振兴答疑系列"丛书。该丛书涵盖粮油作物、菌菜、林果、养殖、食品安全、农村环境、农业物联网等领域，内容全部来自各级科技特派员服务农业生产实践一线，集理论性和实用性为一体，对基层农业生产具有较强的指导性，是生产实际和科学理论结合比较紧密的实用性很强的致富手册，是培训农业生产一线技术人员和职业农民理想的技术教材。希望广大科技特派员再接再厉，继续发挥农业生产一线科技主力军的作用，为打造乡村振兴齐鲁样板提供"才智"支撑。

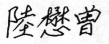

2020 年 3 月

前言 FOREWORD

党的十九大报告指出，农业农村农民问题是关系国计民生的根本性问题，必须始终把解决好"三农"问题作为全党工作的重中之重，实施乡村振兴战略。2019年10月，习近平总书记对科技特派员制度推行20周年作出重要指示指出，创新是乡村全面振兴的重要支撑，要坚持把科技特派员制度作为科技创新人才服务乡村振兴的重要工作进一步抓实抓好。广大科技特派员要秉持初心，在科技助力脱贫攻坚和乡村振兴中不断作出新的更大的贡献。

为了落实党中央、国务院关于实施乡村振兴战略的决策部署，深入学习贯彻习近平总书记关于科技特派员工作的重要指示精神，促进山东省科技特派员为推动乡村振兴发展、助力打赢脱贫攻坚战和新时代下农业高质量发展提供强有力支撑，山东省科学技术厅联合山东省农业科学院和山东农学会，组织相关力量编写了"新时代科技特派员赋能乡村振兴答疑系列"丛书之《苹果高效栽培技术有问必答》。本书共分七章，内容涵盖苹果生产基础知识、苹果建园定植技术、苹果整形修剪技术、苹果花果管理技术、苹果园土肥水管理技术、苹果病虫害管理技术、苹果采后储藏及加工技术。

　　本书的编写本着强烈的敬业心和责任感，广泛查阅、分析、整理了相关文献资料，紧密结合实践经验，以求做到内容的科学性、实用性和创新性。在本书编写过程中，得到了有关领导和兄弟单位的大力支持，许多科研人员提供了丰富的研究资料和宝贵建议，有些做了大量辅助性工作。在此，谨向他们表示衷心的感谢！

　　由于时间仓促、水平有限，书中疏漏之处在所难免，恳请同行专家和学者批评指正。

编　者

2020 年 3 月

目录 CONTENTS

第三章　苹果整形修剪技术

第四章　苹果花果管理技术

第七章　苹果采后储藏及加工技术

第一章 苹果生产基础知识

1. 苹果起源于哪里?

苹果是世界温带地区栽培面积最大的果树之一,其起源演化与人类文明进步密不可分。苹果属蔷薇科仁果亚科苹果属,全世界共有 35 种苹果属植物。苹果发展演化的历史十分悠久,据果树史学家的研究,在距今 2 000 万年前,新疆野苹果的繁衍已达到极盛时代。多数学者认为,现代苹果的栽培起源于伊朗北部、俄罗斯高加索南部一带,其后又由高加索传入古希腊,而后又传入古罗马,再经意大利传入西欧,在历史上形成几个次生中心。据考古发掘,在欧洲中部地区及意大利,石器时期居住在湖滨的居民遗物中,有炭化了的苹果果实。目前,在生产中应用的绝大部分都是西洋苹果(*Malus domestica* Borkh.)。2017 年 8 月,国际著名学术期刊 *Nature communication* 以《基因组重测序揭示苹果起源演化历史及果实大小的二步驯化模型》为题发表了山东农业大学陈学森教授研究团队与美国康奈尔大学费章君研究团队的合作研究成果,证明世界栽培苹果起源于我国新疆。

2. 我国苹果的栽培从何时开始的?

中国是苹果最早的起源地之一。古代将苹果称为"柰""林檎""蘋婆""槟子""沙果""花红"等,新疆一带叫"阿里马",明代后期开始使用"苹果"这个名称。湖北江陵战国古墓中发现的苹果及其种子表明,我国种植绵苹果已有近 3 000 年的历史。西汉著名文学家司马相如在《上林赋》中,生动描绘了汉武帝的皇家园林中栽植苹果树的盛况。魏晋时代,我国河西走廊的张掖、酒泉等西部众多地区,已大量栽植苹果树。中国古代种植绵苹果、沙果和海棠的历史已有 2 000 多年,而种植西洋苹果只有 100 多年的历史。

1871 年，美国人约翰·倪维思夫妇从美国把苹果引进中国山东烟台，建立了"广兴果园"；1875 年，从欧美引入"津轻""弘前"品种进行栽培；1895 年，德国人又把 73 个苹果品种从欧美引入中国山东青岛试栽，由此揭开了中国现代苹果栽植的新篇章。目前，全世界用于鲜食、煮食、烤食、蒸食、酿酒和药用的苹果品种多达10 000 个，常栽品种 100～200 个，栽培分布于欧洲、亚洲、美洲和大洋洲的大多数国家。

好吃！

3. 苹果对人体有哪些益处？

苹果中营养成分容易被人体吸收，故有"活水"之称。苹果中含有大量的碳水化合物，100 克果肉中含有碳水化合物 12.3 克，其中大部分都是葡萄糖和果糖，少量是糖类的聚合物，因此，食用苹果时给人一种甘甜的口感，还能给机体补充能量。苹果富含多种微量元素和维生素等多种人体所需的营养成分，是公认的营养程度最高的健康水果之一。

俗话说："一天一个苹果，医生远离我。"此话虽然有些夸张，但苹果的营养和药用价值由此可窥见一斑。苹果的营养价值很高，含有 15％的糖类及果胶维生素 A、维生素 C、维生素 E 等 10 多种营养素，对清除体内代谢"垃圾"、缓解血管硬化和预防心脑血管疾病有重要作用。苹果还富含锌元素，据研究，锌是人体内许多重要酶的组成部分，是促进生长发育的关键元素。另外，苹果还具有降低胆固醇含量和降低血压的作用以及通便、止泻的功效。因苹果所含的营养既全面，又易被人体消化吸收，所以，非常适合婴幼儿、老人和病人食用。

4. 发展苹果安全高效栽培的意义有哪些？

苹果是我国产量和消费量最大的水果，通过发展安全高效栽培可以满足大家对食品安全的需求，提高人民体质。同时，苹果也是我国出口量最大的水果，发展安全高效生产对于增加苹果出口、增强我国苹果的国际竞争力具有重要的意义。另外，发展安全高效果品生产还有利于解决农民就地创业、增加农民收入、改善环境质量等问题。

5. 当前苹果生产趋势有哪些？

我国苹果栽培制度经历了乔砧稀植、乔砧密植和矮砧密植等3个阶段。乔砧稀植，株行距较大，每亩＊栽植 15～18 株，骨干枝分枝级次多、树体高大、单株体积大。因此，整形周期长，一般完成个体成形需要 6～8 年时间，早期产量低且修剪、采收和病虫害防治等作业难度和成本增加。20 世纪 90 年代初，苹果密植栽培提高了栽植密度，果树个体变小，缩短整形周期，而实现早结果和早丰产，乔砧密植栽培制度在 20 世纪 90 年代果品供应十分短缺的市场条件下，起到了使苹果提早结果、快速上市，缓解市场压力的作用，但果树进入盛果期后（大约 10 年生），果园郁闭问题凸显，随之而来的便是果品质量下降，产量不稳，管理成本（控冠作业、病虫防治和花果管理等）增加，进而导致苹果整体质量下降和效益下滑。矮砧密植是当今苹果生产的发展方向，采用矮化砧木，一是可使树体矮小，适于密植；二是结果早，投产快，产量高；三是果实

＊　亩为非法定计量单位，1 亩≈667 平方米。

品质好；四是管理方便，降低生产成本。

随着经济的发展和人民生活水平的提高，食品安全问题也被提上日程，有机果品在安全性和果实品质上具有其他果品无法比拟的优势，已成为未来果品生产的发展潮流。有机果品生产完全禁止使用任何化学合成物质（化肥、化学农药、生长调节剂）和基因工程生物及其产物。有机农业生产通过保持养分、能量、水分和废弃物等物质在系统内的封闭循环来改良提高土壤肥力，利用抗病虫品种和天然植物性农药、生物杀虫剂及合理栽培措施、物理方法和生物方法等作为病虫害防治的手段。另外，果园生草栽培是改变落后观念、提高土壤有机质的有效手段，简化修剪、无袋栽培和机械应用可有效降低人力成本，也是将来苹果生产发展的重要趋势。

6. 我国苹果主产区有哪些？

我国拥有世界上最大最好的苹果适宜产区。苹果生产近年来发展迅猛，全国现已形成了四大主要苹果产区。

（1）渤海湾苹果产区 包括胶东半岛、山东产区、辽宁产区、河北产区和北京、天津两地产区，是苹果栽培较早、产量和面积较大、生产水平较高的产区。

烟台是有名的苹果产区之一。产地以烟台辖区内的栖霞、招远、海阳、牟平、福山等市（区）为主。地属暖温带东亚大陆性季风型半湿润气候，平均降水量 754 毫米，无霜期平均可达 207 天，全市年累计光照时间可达 2 690 小时，中性偏碱的沙质土壤，极利于苹果的生长。烟台苹果素以风味香甜、酥脆多汁享誉海内外，历来为国内外市场所喜欢，远销日本、韩国、新加坡、俄罗斯等地，且深受世界各国消费者的喜爱。

（2）西北黄土高原苹果产区 包括陕西渭北地区、山西晋南和晋中、河南三门峡地区和甘肃的陇东地区。地处黄土高原丘陵沟壑区，海拔高、属温带半湿润半干旱气候，年均日照时数 2 238 小时，昼夜温差大，环境无污染，黄绵土，有机质含量高，非常适合种植苹果。

陕西苹果面积、产量均居全国首位，而陕北山地苹果的迅速崛起，更使陕西苹果独秀于林。山地苹果品质突出，苹果色泽艳丽、含糖量高、风味浓郁、耐储藏。陕北山地是生产有机苹果的最佳生产之地。洛川县被农业农村部、商务部、中华全国供销合作总社列为苹果外销基地县，号称"苹果之乡"。

（3）黄河故道和秦岭北麓苹果产区 包括豫东、鲁西南、苏北和皖北，地势低平。

灵宝市位于豫西地区，属暖温带大陆性半湿润季风型气候，气候温和，四季分明，昼夜温差大，光照充足，紫外线强，雨量适中，海拔高，属于黄土高原丘陵地带，是适宜苹果生长地带之一。果品酸度和甜度较高，甘甜可口，色泽鲜艳，味道纯正，已出口至俄罗斯、日本等地。

（4）西南冷凉高地苹果产区 包括四川阿坝、甘孜两个藏族自治州，云南东北部的昭通、宣威地区，贵州西北部的威宁、毕节地区，西藏昌都以南和雅鲁藏布江中下游地带。

与北方苹果产区相比，昭通苹果具有较北方产区早熟1个月的特点，在北方苹果尚未成熟时，昭通苹果即成熟上市。昭通市地处云、贵、川三省结合部，独特的区域优势，也让昭通苹果有着广阔的市场占有率，近年来，昭通苹果又重新走出国门，销往中国香港、泰国、缅甸、越南等地，东盟自由贸易区的建设，更为昭通苹果销售提供了广阔的市场。

7. 优良的苹果品种应具备的条件有哪些？

达到稳产、优质、高效是苹果栽培的目的。衡量一个品种的优劣要看其本身性状是否符合栽培者的要求，是否适应社会的需要，并从丰产性、果品质量、管理难易程度以及对环境的适应性和抗逆性方面综合考虑。一般来说，优良品种应具备的条件有以下4点。

（1）丰产性 丰产是优良品种的基本条件。在同样栽培管理及立地条件下能获得较高的产量，而且能连年丰产。

（2）品质优良　主要指果实固有的优良特性，包括内在品质（果肉粗细，汁液多少，甜、酸度，香气有无）、外观质量（果形、果个大小、颜色、观感）、商品性等方面。优良品种好吃、好看，市场畅销，供应期长。

（3）适应性强　能适应不同的地势、地力及环境条件，山地、丘陵、平原、沙滩均能栽培。在上述立地条件下品种的优良特性能够充分发挥出来，才是优良品种。

（4）抗逆性、抗病虫害能力强　优良苹果品种应当具有抗旱、抗寒、抗盐碱的能力。对于苹果落叶病、轮纹病、金纹细蛾、苹果小吉丁虫等病虫害具有较强的抵抗能力。

8. 我国苹果生产上可选用的优良品种有哪些?

苹果品种多，适应性强，分布地区广，成熟期为 6 月中旬至 11 月，容易储藏，能实现苹果果品的周年供应。不同品种对于气候、土壤和栽培技术的要求不同，按照适地适树的原则选择品种，并做好早、中、晚熟品种的合理搭配。

（1）藤牧 1 号　又名南部魁，由美国普渡大学杂交育成，1986 年从日本引入我国。果实圆形，稍扁，萼洼处微凸起；果实中等大小，平均单果重 190 克，最大果重 320 克；成熟时果皮底色黄绿，果面有鲜红色条纹和彩霞，着色面可达 70%～90%。果面光洁、艳丽。

藤牧 1 号果实

果肉黄白色，松脆多汁，风味酸甜，有香气，品质上。树势强健，树姿直立，萌芽力强，成枝力中等，极易形成腋花芽，以短果枝结果为主，丰产、稳产。但果实成熟期不一致，有采前落果现象。在山东泰安 7 月上中旬成熟，采后室内可存放 15 天左右。

（2）美国 8 号 又名华夏，中熟品种，由美国杂交选育而成，1990 年引入我国。果实圆形或短圆锥形，果个中大，平均单果重 240 克；果柄中短、粗，果面光洁、细腻、无锈，果点稀、稍大；果皮底色乳黄，充分成熟时着艳丽鲜红色，着色面积达 90％以上。有蜡质光泽，果肉黄白色，肉质细脆多汁，风味酸甜适口，芳香味浓，品质上等。幼树生

美国 8 号果实

长较旺盛，盛果期树势中等，对修剪不敏感，易成花、丰产。在山东泰安 8 月上中旬成熟，采前不落果，采后室内可存放 25～30 天。

（3）鲁丽 由山东省果树研究所育成。亲本为'藤牧 1 号'和'嘎拉'。果实圆锥形，高桩，平均单果重 215.6 克；果面盖色鲜红，底色黄绿，着色类型片红，着色程度在 85％以上。果面光滑，有蜡质，无果粉。果点小、中疏、平。果梗中粗，梗洼深广、无锈。果心小，果肉淡黄色，肉质细、

鲁丽果实

硬脆，汁液多，甜酸适度，香气浓。可溶性固形物含量 13.0％，可溶性糖含量 12.1％，可滴定酸含量 0.30％。果实发育期 100 天左右，早熟；适应性强，耐瘠薄土壤，早果、丰产性强。

（4）泰山嘎拉 为皇家嘎拉大果红色芽变。山东省果树研究所通过芽变选种选育，该品种果个大，平均单果重 212.8 克，大小整齐一致；果面盖色鲜红，底色黄绿，片红，果面光滑；果心小，果

肉淡黄色，肉质细、硬脆，汁液多，甜酸适度，有香气。可溶性固形物含量 15.0%，可溶性糖含量 13.8%，可滴定酸含量 0.39%。早果性和丰产性好，抗性强。与皇家嘎拉相似，泰山嘎拉树姿开张，树形分枝形，树势强，萌芽率高，成枝力中等。长、中、短枝均能结果，有连续结果能力。盛

泰山嘎拉果实

果期树以短枝结果为主。易成花。生理落果和采前落果轻。

（5）华硕　是中国农业科学院郑州果树研究所采用美国 8 号为母本、华冠为父本杂交选育的早熟苹果新品种。果实近圆形，果实较大，平均单果重 232 克，果实底色绿黄，果面着鲜红色，着色面积达 70%，个别果面可达全红。果面蜡质多，有光泽，无锈。果粉少，果点中、稀，灰白色。果肉绿白色，肉质中细、松脆，汁液多，可溶性固形物含量 13.1%，可滴定酸含量 0.34%，酸甜适口，风味浓

华硕果实

郁，有芳香，品质上等。果实在室温下可储藏 20 天以上，冷藏条件下可储藏 2 个月。果实发育期 110 左右。华硕枝条萌芽率中等，成枝力较低。幼树以中果枝和腋花芽结果为主，随树龄增大逐渐以短果枝和中果枝结果为主。华硕坐果率高，生理落果轻，具有较好的早果性和丰产性。

（6）**首红** 美国品种，为元帅系第4代短枝型芽变。果实圆锥形；平均单果重180克。果顶五棱明显，底色黄绿或绿黄，全面深红并有明显条纹，色泽艳丽，果梗中长、较粗，果面有光泽，果点小，不明显，蜡质多，果皮厚、韧，初采收时果实绿白色，稍储后变黄白色，汁液多，风味酸甜，有香气，品质上等。在山东泰安9月上旬成熟，室温条件下可储存1个月。

首红果实

（7）**红王将** 又名红将军，是日本从早生富士中选育出来的着色系芽变品种。果实近圆形，平均单果重250～300克；果形端正，偏斜果少，果面底色黄绿，全面鲜红或被鲜红色彩霞纹，果点小，果面洁净无锈、美观艳丽；果肉黄白色，肉质细脆，汁液多，酸甜适度，稍有香气，储藏后香味浓，品质上等。成熟期比红富士早1个月。其他性状与富士相同。

红王将果实

（8）**岳艳** 是辽宁省果树科学研究所与盖州果农联合，由'寒富'和'珊夏'杂交选育出的中熟苹果新品种。果实

岳艳果实

长圆锥形，单果重 240 克，果形指数 0.89，果型端正。无袋果面鲜红色，艳丽。底色绿黄，蜡质少，有少量果粉，果面光滑无棱起，有少量梗锈。果肉黄白色，肉质细脆，汁液多，风味酸甜，微香，无异味。可溶性固形物含量 13.4%，总糖含量 11.53%，总酸含量 0.42%。果实发育期 125 天左右，较耐储藏，室温（20 ℃）可储藏 20 天以上。岳艳树姿开张，苗期易出现侧分枝，树势健壮，早果、丰产性好。

（9）烟富 10 号　是红富士苹果的芽变品种，平均单果重 284 克；果实圆至长圆形，果形端正；树冠上下、内外着色均好，片红，全红果比例 80%左右，色泽浓红艳丽，光泽美观；果肉淡黄色，肉质爽脆，汁液多，风味香甜。该品种果实发育期 160 天，结果早，丰产稳产，适应性强。套

烟富 10 号果实

纸袋的果实摘袋后 1 周即达满红，比其他富士品种有明显的着色优势。

（10）维纳斯黄金　是从日本引进的最新黄色苹果，平均单果重 258 克，果型高桩，果面黄色，蜡质有光泽，果肉淡黄色，肉质酥脆爽口，汁液多，酸甜适口，可溶性固形物含量 15.5%，不发绵。果实发育期 170 天，极耐储运，在常温下可储至翌年 3 月。栽后 2

维纳斯黄金果实

年结果，4 年丰产。这个品种品质优良，适应性广，丰产性强，抗寒、抗病能力强，是替代金帅的优良品种。市场前景广阔，是未来

走向高端市场的一个优秀黄色苹果品种。

9. 我国常用的苹果砧木有哪些？

目前我国东北地区、华北北部及西北山区，常用山定子和毛山荆子；华北平原常用八棱海棠、楸子、西府海棠、花红及少量湖北海棠；我国中部及黄河、淮河流域常用八棱海棠、楸子、西府海棠、新疆野苹果等；西北黄土高原地区多采用西府海棠、楸子、山定子、新疆野苹果；我国西南苹果产区以丽江山荆子、湖北海棠、三叶海棠等为砧木。

目前比较常用的优良砧木有山定子、毛山定子、楸子、西府海棠、湖北海棠、河南海棠、三叶海棠、陇东海棠、塞威氏海棠、滇池海棠以及花红、丽江山定子等。

10. 苹果优良的矮化砧木有哪些？

（1）M26 属于半矮化砧木。可作为中间砧木使用，同时具有自生根能力，也可以做自根砧使用。使用 M26 中间砧后，幼树期生长强，大树树体稳定。但抗冻能力差。不适合北方低温地区。在华北平原地区表现良好。抗旱、抗瘠薄能力强，早实性好、丰产能力强，经济寿命长。在良好的土壤中表现好，但在过湿或过干土壤中表现欠佳。

（2）M9 属于矮化砧木，幼树生长快，易成形，成花容易，结果早，提前进入丰产期；可大幅度提高土地利用率，可改变果园的粗放管理、广种薄收的情况；种植密度较大，树体矮小，树冠紧凑，比普通砧木的树体小50%～70%，管理方便；在喷药、整枝修剪、人工授粉、疏花疏果、套袋和采果等方面都更容易，节省栽培成本；短枝比例高，树体光照条件改善，光合效能强、光合产物分配合理，果实着色好，果实品质高，单果重有所增加。

（3）美国 G 系 美国育成的最新矮化砧木体系。其 G 系砧木已有 6 个进入市场。品种有 G11、G16、G30、G41、G202

和 G935。其优势总体表现为抗重茬，抗病能力以及抗寒能力强。每个体系中存在差异较大。G11 属于半矮化砧木，小灌木，树高约 2.5 米，冠幅约 2.0 米，无明显主干，萌蘖少，新梢停止生长较 M26 早 1 周左右，耐重茬，中感颈腐病和苹果绵蚜，早实性同 M9，丰产性同 M26。G16 属于矮化砧木，小灌木，10 年生树高 1.0 米，冠幅 1.5 米，无明显主干，萌蘖少，耐颈腐病，不抗苹果绵蚜和重茬，早实性和丰产性同 M9。G41 属于矮化砧木，小灌木，6 年生树高 2.0 米，冠幅 2.0 米，无明显主干，萌蘖少，抗火疫病和苹果绵蚜，耐颈腐病和重茬，抗寒，嫁接 Empire 品种时，早实性同 M9，丰产性同 M9、M26 和 M7。G202 属于半矮化砧木，矮化程度相当于 35%～40%自根树，小灌木，5 年生树高约 2.0 米，冠幅约 2.0 米，无明显主干，萌蘖少，抗火疫病和苹果绵蚜，耐颈腐病和重茬，嫁接 Empire 品种时，早实性同 M9，丰产性同 M9、M26 和 M7。G935 属于半矮化砧木，矮化程度相当于 45%～55%自根树，小灌木，7 年生树高 1.5～2.0 米，冠幅约 2.0 米，无明显主干，萌蘖少，抗火疫病，耐颈腐病和重茬，感苹果绵蚜，嫁接 Empire 品种时，早实性同 M9，丰产性强于 M9、M26 和 M7。

（4）Y系　山西省农业科学院果树研究所从野生晋西北山定子实生苗中选育的抗寒砧木品种，可在－30℃低温下安全越冬。成花能力强，其成花能力表现优于 M26。枝条开张角度大，无需拉枝开角。稳定能力强。其果实商品果率高于 SH 及 M26。

（5）M7 优系　M7 优系选自河北农业大学繁育的 M7 自根砧红富士苹果的根蘖苗。M7 优系的特性是：高产、耐寒、根系发达、极易繁殖、中干笔直、抗病、矮化（比原 M7 表现矮小）、无根瘤、韧性强，不易折断，可实现无支架栽培等。比较适合我国的土壤、气候等条件，特别适合机械作业条件下的果园。具有非常广阔的市场空间与发展前景，是我国苹果由传统果业迈向现代果业的有力推手，它不仅能大幅度的降低建园成本，还能规避生产中的诸多风险，如风、寒、旱等自然灾害。

11. 苹果一生的年龄时期有哪些？

果树的一生要经历生长、结果、衰老、更新和死亡过程，这一全过程称为年龄时期。果树因繁殖方式的不同分为实生树和营养繁殖树。实生树是由种子繁殖长成的树，具有完整的生命史。营养繁殖树是扦插、压条、分株、嫁接和组织培养等方法培育的果树，生产中一般把营养繁殖树的一生划分为幼树期、初果期、盛果期和衰老期4个年龄时期。

（1）幼树期　也称营养生长期，从果树定植到第1次开花结果。此期特点是果树生长旺盛，年生长期长，进入休眠迟，枝条生长量大，组织不充实，越冬性差。主要栽培任务：促进生长，培养好各级骨干枝，建立良好的树体结构，合理施肥灌水，促控结合，促进早结果。

（2）初果期　由第一次结果到大量结果前。此期的特点是：前期营养生长为主，根系和树冠继续扩大，但随着结果量的增加，树冠的营养生长趋缓，长枝比例下降，中、短枝比例增加，产量逐年上升，品质也逐年提高。栽培管理任务是加强土肥水管理和树体整形，促进树体的生长，切忌盲目追求产量造成树体衰弱。

（3）盛果期　此期由大量结果到产量明显下降。持续时间因树种和管理水平而异。生长特点：离心生长基本停止，树冠、产量、品质均达到生命周期中的最高峰。新梢生长逐渐变弱，中短果枝大量形成，全树形成大量花芽。生长结果平衡很容易破坏，容易出现大小年现象。栽培管理任务是加强肥、水、修剪管理，合理负载，注重疏花疏果，防止和克服大小年的出现。

（4）衰老期　此期由果树产量、品质明显下降到树体死亡。特点是骨干枝先端逐渐枯死，结果量和果实品质明显下降。栽培管理任务是加强土肥水管理和整形修剪，完成结果枝的更新复壮。

爷爷，我到盛果期了！

爷爷老了，是衰老期了！

12. 苹果树的物候期有哪些?

苹果树每年都有与外界环境条件相适应的形态和生理机能的变化，并呈现一定的规律性，这种与季节性气候变化相应的果树器官的动态时期，称为生物气候学时期，简称物候期。外界环境条件的变化，如温度、降水量等气象因子，在一定范围内能改变物候期的进程。管理措施也会影响物候期。因此，物候期因地区、年份、品种、树龄、树势等的不同而有差异。

苹果一年中可明显分为生长期和休眠期。从春季萌芽生长后到落叶的整个生长季都属于生长阶段，表现为营养生长和生殖生长两个阶段。到冬季为适应低温和不利的环境条件，树体处于休眠状态，为休眠期。

苹果主要物候期有：根系活动期、萌芽开花期、新梢生长期、果实膨大期、花芽分化期、果实成熟期、落叶期和休眠期等。

萌芽开花期又可细分为叶芽膨大期、展叶期、花芽膨大期、芽开绽期、花序露出（露红）期、花序分离期、大铃期、初花期（5%的花开放）、盛花期（25%以上的花开放）、盛花末期（75%的花开放）、落花期和终花期等。新梢生长期可分为第一次速长期、停长期、第二次速长期等。

各个物候期是按一定的顺序进行的，前一物候期为后一物候期的基础，如只有新梢停长后才有花芽的分化。各期又有重叠交错，如长梢第 1 次停长期正是果实速长期，也是花芽分化期。开花期又是萌芽展叶、叶片生长的时期。

13. 苹果对环境条件的要求有哪些？

(1) 温度　苹果起源于夏季干燥、冬季寒冷的地区。在苹果的成长和发展中起主导作用的气候条件是温度。苹果一般倾向于寒冷、干燥和充足的气候条件。一般认为 4～10 月的平均气温为 12～18 ℃，最适合苹果的发展。当夏季气温过高，平均气温 26 ℃时，花芽分化差，果实发育迅速，储藏不持久。红色品种成熟前适宜的着色温度为 10～20 ℃，如果昼夜温差小、夜温高，则着色困难。

(2) 光照　苹果是一种喜光树种。充足的光线有利于正常生长和结果，有利于提高果实品质。不同品种对光的要求不同。一般苹果的光饱和点在 800 微米/（平方米·秒），饱和点高的品种补偿点也高。

(3) 降水　世界主要产区苹果的年降水量为 500～800 毫米。花芽分化和果实成熟需要干燥的空气，这时果实表面明亮、色泽鲜艳，花芽饱满。如果降水量过大，则容易造成枝叶过多、花芽分化差、产量低且不稳定、病虫害严重、果实质量差。

(4) 土壤　苹果适用于土壤深厚、排水良好、有机质丰富、微酸至中性、通气良好的沙壤土。苹果对土壤的要求：土层厚度在 70～80 厘米，地下水位保持在 1.0～1.5 米，土壤中空气含氧量在 10% 以上，有机质含量至少不低于 1%，pH 5.4～6.8，有害物质如氯化盐在 0.13% 以下。

(5) 其他因素　风、海拔对苹果的栽培也有影响。在大风地区，苹果易出现偏冠、落花落果重的现象，必须营造防风林。海拔高度的差异，造成气温、光照等一系列因子的变化，从而使苹果出现生长发育及品质上的差异。海拔高的地区昼夜温差大，有利于碳水化合物的积累，非常有利于苹果品质的提高。

第二章

苹果建园定植技术

14. 苹果建园要注意的条件有哪些?

(1) **环境条件** 苹果园选址首先考虑当地的环境条件,特别是生态条件是否适合苹果树的生长,能否能生产出优质苹果。同时也要充分考虑当地的小气候环境,因为小气候状况直接影响果树的生长发育。苹果喜欢夏季冷凉、光照充足的气候,我国的环渤海湾地区、华北、西北和黄河故道地区等都是苹果的适生区。

(2) **地形条件** 苹果建园对地形也有一定的要求,一般苹果园大都选择在地势比较平坦的地方或比较缓和的山坡丘陵地带,这样不但有利于高产稳产,也便于管理,坡度一般不超过 25°,在山坡建园还要修建好梯田,并做好水土保持措施。

(3) **土壤条件** 苹果喜欢土层深厚、有机质含量高的土壤,土层的厚度和养分状况直接影响果树的生长和结果。过于瘠薄或养分含量太低的土壤,在建园前一定要先进行土壤改良。灌溉条件对果树生长也有影响,若在干旱地区建园,应选择地势比较平坦、附近有灌溉水源和配套设施的地方。在雨水量大的地方建园还要做好夏季排涝措施,防止积水。

(4) **交通条件** 苹果建园不但要能够满足它正常的生长发育,还要交通方便,便于果实的运输、销售和加工。另外还要充分考虑市场需求,建园要组织有关专家进行认证,确定当地社会经济条件、市场前景、发展水平、生产目标、经济效益预测等项,如果可行性强,发展前景好,各方面条件适合,就应加大投资,建造标准化果园。

(5) **管理技术** 在苹果生产上要进行集约化管理,充分利用各种先进的生产技术,实行标准化、无公害管理,最好能够进行有机生产,或者在无公害生产的基础上向有机方向逐步转型。做到高投入、高产出，以期早期丰产，尽快受益。在建园规模上，要充分考虑到当地的经济条件、人力、技术、交通等条件，量力而行；否则，容易出现建园规模过大、管理粗放、水肥投入不足、劳动力投入不足等问题，进而导致树势弱、产量低、果个小、品质差、经济效益低。

15. 苹果建园前要进行的规划有哪些？

如果管理得当，苹果一般的结果年限可达到 60 年以上，有的结果年限可超过百年。所以果园建设前一定要好好规划，主要有小区规划、房屋道路、灌溉和排水设施、防护林带、授粉树配备、栽植密度等。苹果园的土层要在 80～100 厘米，地下水位不能过高。

在品种选择上可根据当地风土条件、市场需要及交通等综合考虑。早熟品种由于成熟期气温较高，果实肉质较疏松，品质优良者不多，也不耐储藏，食用期短。但因其成熟期早，对调节市场供应仍有其一定的价值。特别是黄河故道、鲁西南、鲁西北、淮北地区等物候期早的地方，可以利用其春季升温早而快的特点，发挥优势，适量发展。

中熟红色品种因成熟期气温偏高而昼夜温差较小，不利于上色。可选成熟期稍晚、容易着色的短枝型品种，或选着色良好的中晚熟品种或优系。富士系品种、元帅系品种适宜大规模发展。我国用于加工的酸苹果较少，在有加工厂的地方也可以大规模发展。

品种选择中要特别注意授粉品种的配置，乔纳金、陆奥等三倍体品种不能作为授粉树。栽植株行距依树体大小和土壤肥瘠状况而异。平地乔化稀植园，株行距（5～6）米×（6～8）米，为提高早期产量可以在中间栽培临时株；沙荒丘陵地或半矮化砧中密植园，株行距（3～5）米×（4～5）米；矮化砧或短枝型品种密植园，株行距（2～3）米×（3～4）米。

16. 苹果授粉树如何选择？

俗话说"苹果高产不高产，全靠配对授粉树"。苹果对配置授粉树的要求是很严的。苹果树属异花授粉植物，特别是大苹果对授粉是要求严格的。并不是把所有的两个以上的品种栽植在一起就能授粉的。必须选择花期相遇、花粉多、亲和力高、品质质量好的品种作为授粉树。

生产上配置授粉树时，主栽品种与授粉品种的栽植比例为（4～6）：1。要求授粉品种的花期与主栽品种花期一致，且花粉量较大。授粉树品种与主栽品种间的距离不应超过50～60米。配置方式很多，正方形栽植时，常用中心式，即1株授粉品种周围栽8株主要品种。在大型果园中配置授粉树，应当沿着小区长边的方向按行列式整行栽植。授粉树的间距应相隔4～8行。在梯田山坡地，

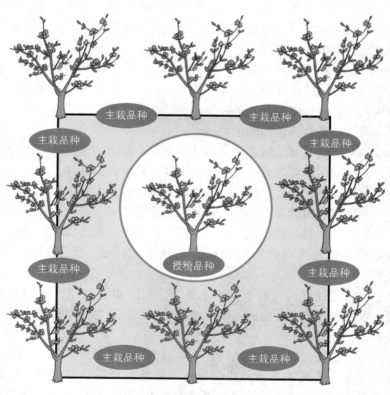

中心式正方形栽植

19

可按梯田行向，间隔3～4行栽植1行授粉品种。自花能结实品种，也以配置授粉品种为宜。

17. 定植的苹果品种如何选择？

（1）品质好 当今的苹果生产已进入追求品质的时代，只有高品质的苹果才能迎合市场需求，获得更高的经济效益。高品质的苹果既要果个大，又要具有良好的外观和内在品质。果个大红色的品种最受市场欢迎，东方人喜欢含糖量高的品种，西方人多喜欢含酸多的品种。另外，优良的品种还应具有汁多、硬度大、香味浓郁的优点。

（2）丰产稳产 好的品种都应该具有丰产性，不然就没有生产价值。另外，大小年现象严重的品种也应该慎重选择，落果严重的品种也应该慎重选择。

（3）抗逆性强 我国是大陆性气候，苹果产区又多分布在干旱瘠薄的高原、丘陵、山区、荒滩等地，只有抗逆性强的品种才能正常生长。抗逆性不仅与品种有关，更与砧木有关，在选择品种时更要注意选择适合当地的砧木类型。

（4）抗病性强 病虫害是制约苹果生产的主要难题之一，特别是在夏季潮湿高温的地区更要注意选择抗病性强的品种。

（5）成熟期适宜 晚熟苹果品种种植面积最大，因为晚熟品种一般品质高、耐储运。不过在物候期早的鲁西南、黄河故道地区也可发展部分早熟品种，填补夏季苹果市场空白。在大城市周边地区也可将不同成熟期和不同风味的品种搭配种植，便于市民观光采摘。

（6）管理容易 对于技术水平低、对苹果了解少的种植者来说，最好选择成花容易的品种，或短枝型、矮化砧木等管理容易的品种。

（7）注意授粉品种的选择 苹果属异花授粉品种，授粉品种需要与主栽品种花期一致，花粉量大，并且最好品质好、商品价值高。对于陆奥、乔纳金等品种需要配备两种能够提供花粉又能相互授粉的品种。

（8）注意加工品种的选择　我国过去种植的品种以鲜食为主，加工品种少。随着人们消费水平的提高，对果汁、水果罐头等水果制品的需求越来越高，我国苹果主产区也建立了大量的果汁厂，对加工品种有很大的需求。目前，我国已经成为世界最大的果汁出口国，加工苹果的价格也越来越高，在有条件的地方也可适量发展加工品种。

任何一个优良品种都不可能十全十美，只要能够做到满足市场需求，其他性状基本满足生产要求即可。

18. 苹果栽植成活率如何提高?

苹果种植有很大的讲究，要想提高苹果苗的成活率，必须掌握一定的方法才行。

（1）科学储藏，适期栽植　苹果苗木以冬藏（假植）、春季当地苹果芽萌动时栽植为最好。假植要选择背阴不积水处开沟，保持稳定而合适的湿度与温度，假植时要使根系与湿沙（土）密接。

（2）抓好土壤管理工作　在栽植苹果树苗时，必须大水沉实后，才能栽植，轮作地新建园栽植时需要充分利用"熟土"，不要打乱土层，同时深翻土壤，清除树根，待大水沉实后，方能栽植。

（3）**严禁使用化肥** 新建果园及小片栽植时，禁止使用化学肥料，未经腐熟的农家肥，有一定的副作用，也需要谨慎使用。

（4）**确定好合理的栽植深度与方法** 对于普通的苗木来说，栽植深度可与苗圃的深度一致，对于 M 系"中间砧"苗木在栽植上，采取"二重砧"的栽植方式。栽植深度埋到中间砧 2/3 处。

（5）**做好栽后管理** 在栽后要及时浇 2～3 遍水，再培一圆锥形土堆，为了防止浇后苗木歪斜，可用竹竿进行支撑。栽后必须及时在其饱满芽处短截定干，做好剪口等伤口保护，但不要刻芽，翌春再进行刻芽更为科学实用。落实好晚秋、早春树干涂白工作。

19. 苹果苗圃地的选择要求有哪些?

（1）**地势平坦** 苗圃地应选地势平坦、背风向阳、土质差异小、地下水位在 1.5 米以下的地方。

（2）**建立苗圃地** 选择土层深厚、肥沃疏松、保墒性强、排水良好、酸碱度适宜的土壤。土层厚度 80 厘米以上，土壤孔隙中空气的含氧量在 15％以上，土壤酸碱度以 5.6～6.5 为宜。土质以沙壤土为宜，若在黏土或盐碱地育苗，土壤必须加以改良。

（3）**水源充足** 育苗必须考虑灌溉条件，尤其是容易春旱的北方地区，苗圃地一定要有较好的灌水设施。

（4）**无风害** 避免在风口位置育苗。风大地区应选背风地势或设置风障以避免风害。

（5）**无危险性病虫害** 病虫害较严重的地区，育苗应特别注意挑选无危险性病虫害的土壤建立苗圃。

（6）**运输方便** 苗圃应建在所需苗木地区的中心，以便于运输。

另外，苗圃地应避开重茬地，前茬未作为苗圃地或果园地。因此，用作繁育苹果苗木的圃地，一定要注意进行轮作。

20. 苹果苗嫁接的方法有哪些?

嫁接在我国沿用已有两三千年的历史,是果树生产中一项重要的技术措施。其方法很多,苹果苗嫁接通常应用枝接和芽接。

(1) 枝接 是用植株的一段枝条作接穗进行嫁接,常用的方法有皮下接、劈接等。

① 皮下接。是将接穗插入砧木的形成层,即树皮与木质部之间,故也叫插皮接。它适合于春季枝接,是目前最常用的一种嫁接方法。

嫁接在砧木形成层开始活动、树皮和木质部易于分离、能将接穗插入时进行。

一般要求砧木比接穗粗。皮下接切削简单、容易掌握、速度快、成活率高。但嫁接成活后容易被风吹断,因而要及时绑缚支柱。

② 劈接。砧木除去生长点及心叶,在两子叶中间垂直向下切削 8~10 厘米长的裂口;接穗子叶下用刀片在幼茎两侧将其削成 8~10 厘米长的双面楔形,把接穗双楔面对准砧木接口轻轻插入,使二切口贴合紧密,包扎固定。

③ 切接。嫁接时在距地面 5~7 厘米处将砧木剪断削平,选择树皮较平滑的一侧,稍带木质部垂直下劈,切口深 2~3 厘米。在接穗下端削成 2~3 厘米长的斜削面,并在其反面再斜削成约 1 厘米的短斜切面,接穗要保留 1~2 对芽,横截枝条,使其成为断离的完整接穗。

④ 腹插接。是在砧木的腹部进行嫁接的一种苗木繁育方法,嫁接时在离砧木根部 3~5 厘米范围内,用刀具以 20°~30°角度斜切入砧木,深达砧木直径的 1/3~1/2,准备好砧木后,再将接穗枝条下端两侧各削成长 1~2 厘米的双面楔形,保留 1~2 对芽,截断成接穗,然后将接穗插入砧木切口内,对齐砧木一侧的形成层,用塑料薄膜带绑扎整个的接合部。

(2) 芽接 是应用最广的一种嫁接方法,由于树种和各地气候不同，芽接的适宜时期也不同，苹果芽接主要是在 7～9 月。

① 嵌芽接。芽接技术的一种。从枝上削取 1 芽，略带或不带木质部，插入砧木上的切口中，并予绑扎，使之密接愈合。此法适用于皮层较厚、枝梢具有棱角或沟纹的树种，如板栗、枣等，或柑橘、苹果等穗砧不易削皮的果树。

② "丁"字形芽接。因砧木切口形状似"丁"字而得名，是目前最常用的芽接方法，也是操作最简便、嫁接速度最快和成活率最高的一种方法。

切砧木：选粗度 0.6～2.5 厘米的砧木，在距离地面 5～6 厘米处选光滑部位横切一刀，再在横切口中央向下纵切一刀，长度均为 1～2 厘米，深达木质部，使两切口呈"丁"字形。

削接穗：在接穗上选一饱满芽，先在芽上方 0.5 厘米处横切一刀，深达木质部，切口长 0.8 厘米，再在芽下 1.5 厘米处向上斜削一刀，刀要切入木质部，一直削至与第 1 刀切口相遇，取下不带木质部的芽片。

接合：用芽接刀刀柄的硬片轻轻拨开砧木皮层，将芽片放入丁形切口，并向下推移，使芽片横切口与砧木横切口对齐、对严即可。

绑缚：用 1.0～1.5 厘米宽、20 厘米长的塑料条捆扎，将切口缠严，系活扣，注意露出叶柄和芽眼。但为了防止雨水进入，采取不露芽绑缚，成活率较高。这种芽接方法，要求砧木和接穗都要离皮，并且接穗和砧木粗度相当。

③ 方形芽接。方形芽接一般也适于 1～2 年生小砧木嫁接。嫁接时先将砧木在地上 5 厘米左右处剥去一圈，宽 2～3 厘米。砧木切好后，在接穗上取同样宽度的一个芽片，使接芽居中，立即将芽片放入切口内，用塑料条上下捆紧。

④ 嵌芽接。砧木切口和接穗芽片的大小、形状相同，嫁接时将接穗嵌入砧木中，故叫嵌芽接。嵌芽接是带木质部芽接的一种重要方法，常于春季和秋后进行。砧木切削对于苗圃地的小砧木，可在离地面约 4 厘米处去叶，然后由上而下地斜切一刀，刀口深入木质部。再在切口上方 2 厘米处，由上而下地连同木质部往下削，一

直削到下部刀口处取下一块砧木。对于大砧木，春季可接在1年生枝上，秋季接在当年生枝上，切削方法和小砧木一样。接穗切削与砧木切削方法相同。先在接穗芽的下方斜切一刀，然后在芽的上部，由上而下地连同木质部往下削到口处，两刀口相遇，芽片即可取下。芽片长约2厘米，宽度视接穗粗度而定。要求接穗芽片大小和砧木上切去的部分基本相等。接着将接穗的芽片嵌入砧木切口中，下边要插紧，最好使双方接口上下左右的形成层都对齐。包扎用宽1.0~1.5厘米、长约40厘米的塑料条，自下而上地捆绑好接合部。嫁接当年芽即萌发的，捆绑时必须把芽露出来。如果当年不萌发（如秋后嫁接），则可以把芽片连芽全部包起来。翌年春季芽萌发前，再剪砧并打开塑料条。

⑤ 单芽腹接。这种嫁接方法是切取一个带木质部的单芽，嫁接在树干的腹部，故叫单芽腹接。这种嫁接方法节省接穗，也不必蜡封，嫁接方法比较简单，成活率较高，能补充大树的枝条。

砧木切削在砧木枝条中下部的合适部位，自上而下地斜向纵切，从表皮到皮层一直到木质部表面，向下切入约3厘米，再将切开的树皮切去约1/2。接穗切削可用两刀切削法切削接穗。操作时，反向拿接穗，选好要用的芽，第1刀在叶柄下方斜向纵切，深入木质部。第2刀在芽上方1厘米处斜向纵切，深入木质部并向前切削，两刀相交，取下带木质部的盾形芽片。接着将芽片插入砧木切口中，使下边插入保留的树皮中，使树皮包住接穗芽片的下伤口，但要露出接穗的芽。要将芽片放入切口的中间，使接穗的形成层和砧木的形成层相接。如果切削技术熟练，可以使接穗四周的形成层和砧木切口四周的形成层都能基本相接。然后用塑料条进行全封闭捆绑。如果砧木较粗，所用的塑料条也必须宽一些，以便捆紧绑严。

21. 嫁接后的苹果苗木如何有效管理?

（1）检查成活 嫁接后10~15天即可检查成活情况。芽接一般可以从接芽和叶柄状态来检查，接芽新鲜、叶柄一触即脱落即为成活。

(2) 松绑　芽接后正处于茎干加粗生长的旺盛期，通常在接后20天左右，接口完全愈合，个别植株在接芽部位出现轻度缢缩现象时，说明绑缚物过紧，应及时松绑或解除绑缚物，以免影响加粗生长和绑缚物陷入皮层，使芽片受损伤。

(3) 补接　对未成活的应及时补接。一般在检查成活后进行，过迟砧木不能离皮、嫁接难度大，影响成活。

(4) 剪砧　秋季芽接，以半成苗越冬，在翌年春季接芽萌发前，及时剪去接芽以上的砧木，以集中养分利于接芽萌发生长。剪砧不宜过早，以免剪口风干和受冻；也不要过晚，以免浪费养分。剪砧时，剪刀刃应向接芽一面，在离接芽 0.5～0.8 厘米处剪下，剪口向接芽背面微向下斜，有利于剪口愈合和接芽萌发生长。风大地区，在不设立支柱时，可分两次剪砧：第 1 次在接芽上留 15 厘米左右将砧干剪去，利用这段砧干扶绑萌发的接芽新梢，使之直立生长；待接芽新梢基部木质化时，再剪去接口上的这一段砧木。

(5) 抹芽、除萌蘖　剪砧后，从砧木基部容易发出大量萌蘖，须及时、多次除去，以免和接芽争夺养分，使养分集中供应接芽的生长。对枝接苗，如一个接穗上萌发 2 个以上新梢，通常选留 1 个壮梢，其余全部除去。

(6) 土肥水管理及病虫防治　施肥应着重于前期，即 6 月以前，以促进前期生长。干旱时要及时灌水。入秋后一般不再施肥灌水，使苗木充实。苗圃内要经常保持土壤疏松，无杂草。必须及时做好苗期的病虫害防治工作，提高苗木的质量和产量。

(7) 整形和修剪　苗高 120 厘米以上时，可摘心，促进加粗生长。对于计划在圃内整形、培养大苗的，应按圃内整形要求，苗高65～70 厘米时摘心处理，促发副梢形成一级主枝。准备利用副梢整形的苗木，需要较大的营养面积，砧木株行距应适当加大。苹果苗木一般应在 6 月下旬以前摘心，最迟不晚于 7 月上旬。到了摘心时期而达不到摘心标准的不可勉强摘心。摘心部位宜在节间已充分伸长而尚未木质化处，摘除嫩梢 10 厘米左右。为了培养良好的树型，对基部萌发的副梢，应及时抹去，只保留上部的副梢作主枝和中心领导干枝，在秋季达到需要长度后再行摘心，以促使枝干生长充实。

22. 影响苹果嫁接成活的因素有哪些？

（1）亲和力大小　砧木和接穗的亲和力（即亲缘关系接近）越大，嫁接越容易成活。这种嫁接苗适应能力强，寿命延长或开花提早，如嫁接梅花，南方多用毛桃作砧木，北方多用山桃作砧木。

（2）嫁接时间　不同嫁接法和不同地区的嫁接时间均不同，掌握本地嫁接繁殖的最佳时间，是提高成活率的保证。

（3）砧木与接穗的物候期　一般砧木的物候期稍早于接穗有利于成活。若接穗先活动，此时砧木不能及时供应其水分和养分，接穗即枯萎死亡，嫁接失败。

（4）形成层对准密接　嫁接时砧木与接穗的形成层务必对准，并要相互密接，才能使之产生愈合组织，然后生根发芽。因此，嫁接时最好先削砧木、后削接穗（缩短水分蒸发时间），切口一定要平滑；两者的形成层要对准，接合部要密接，绑扎要紧，防止中间出现空隙，影响成活。

（5）温湿度要适宜　一般花木嫁接的适温为 25 ℃左右。温度过高或太低，均不利细胞分裂和愈合组织的形成。嫁接后浇水过多，湿度过大，易引起伤口腐烂；干旱缺水，空气湿度太低则成活率不高。

23. 苹果苗木出圃前应做好的准备工作有哪些？

苗木出圃是果树育苗最后一个生产环节。苗木质量、栽植成活率与出圃前的各项工作有直接的关系。出圃前的准备工作如下。

（1）对苗木的种类、品种和各级苗木的数量和质量进行抽样调查。

（2）根据调查的结果和供苗任务，制订出圃计划和操作规程。出圃计划包括出圃苗木的种类、品种、数量和质量，掘苗和运送日期，工作进程安排，劳力组织，工具准备和苗木储藏等。出圃操作规程包括掘苗技术要求、分级标准、苗木修剪、假植方法、消毒方法和包装的质量要求等。

（3）与用苗单位及运输单位保持联系，保证及时装运、转运，缩短运输过程，从而确保苗木质量。

（4）若是秋季干旱年份，为避免苗木受旱而影响定植成活率，以及土壤过干造成挖苗困难和挖苗时断根过多，应于起苗前1周进行灌水。

24. 苹果适宜的定植时间是什么？

苹果果树建园栽植，基本上分为春栽和秋栽两个时期。冬季严寒、早春风大、干燥的地区，通常宜在土壤完全解冻至苗木萌芽之前进行春栽，以防发生越冬冻害和早春抽条等问题。冬季冷凉、无越冬冻害、早春抽条的地区，可以秋栽，也可以春栽，但从有利于栽植苗木的断根愈合、缩短缓苗期和促进春季生长等方面考虑，秋栽优于春栽。秋栽可以在苗木落叶后或土壤结冻前20～30天栽植，甚至可在8月下旬至9月下旬，利用阴天采取带叶、根系带土团的苗木，随挖随栽，不仅栽植成活率极高，而且基本上无缓苗现象，建园效果更好。但我国苹果主产区基本都是寒冷干燥的大陆性气候，不适合秋季定植。

25. 优质苹果园在栽植前的准备工作有哪些？

定植前的准备工作主要有土地准备，苗木准备，定值点测定，定植穴或定植沟的挖掘，肥料准备和水源准备。

（1）**土地准备** 先对果园土地进行区划。对区划出的各小区土地进行深翻改土、土地平整，将熟土翻入根系分布层（20～40厘米土层）。若土质贫瘠或缺乏有机质，可结合深翻施入有机肥，也可先种植绿肥，或铺上作物秸秆、杂草等。小区边行与小区边界留半个行距，两头与小区边界要有半个株距。

（2）**苗木准备** 于秋季将苗木准备好，按照规划好的品种、数量进行沙藏。定植前应检查是否霉干。如有苗木出现严重问题，应及时补救，以免影响成活率。苗木要选择优质壮苗，品种纯正，大小整齐。苗高应为 0.9～1.2 米，地上茎距嫁接部位 10 厘米处的茎直径至少 0.8 厘米，整形带内饱满芽至少 6 个。特别注意根系质量，因掘苗时造成的根系长度和数量减少，都不能算是合格苗木。合格苗木根系良好，侧根发达，至少 4 条，长度至少 20 厘米。此外，还应检查有无病虫害。根据苗木粗度、长度和根系情况，对苗木进行分级。同一级别的苗木集中栽植，以便于管理。自育苗木也按同样的要求，栽植时挖大穴，随挖随栽。

（3）定植点测定 平地果园的定植点测定，首先，以果园边界的道路或干渠等为参照，确定果园行线的基线。然后，按照株距在基线上确定第 1 行树的定植点，用白灰或木桩标记。接看，用勾股弦法在基线两边划出两条垂线。在垂线上按照行距确定行距点，连接两垂线上对应行距点，逐行按株距确定定植点，用白灰或木桩标定。山地果园定植点的标定，最好先撩壕或修梯田，然后通过等高线按照株距确定定植点。最后，还应在最上和最下等高线外侧，基线左右分别增设附加基点，以便于对定植点的检查调整。在已修好梯田或撩壕的坡地上，可直接按株行距确定栽植点。

（4）挖定植穴或定植沟 定植穴或定植沟是根系生长的微环境，其质量好坏直接影响栽植成活率、幼树生长及早期产量。挖定植穴或沟，应比栽植果树时间提前 3～5 个月，以使土壤有一个熟化的时间。秋栽果树最好在夏季挖穴（沟）；春栽的最好在前一年秋季挖穴（沟）。干旱地区可在雨季前挖穴（沟），回填土壤，雨季后挖小穴栽植，可减少浇水量。若雨季后挖穴，可减小穴（沟）规格，栽植后再逐年深翻扩穴。株距在 3 米及 3 米以上且土壤条件较好的果园，宜挖定植穴。定植穴一般长、宽、深各 1 米即可，若下层土壤黏重或有砾石，应适当加大。株距在 2 米及 2 米以下的果园，适合挖定植沟。一般沟宽 0.8～1.0 米、深约 0.8 米。若土壤贫瘠或有砾石存在，沟应适当加宽加深，宽 1.5～2.0 米、深 1.0 米，将砾石清除，回填土后，挖小穴栽树。结合挖穴（沟）可以进行土壤改良，营造良好的根系微环境。沙质土壤保肥保水能力较差，可换入一些黏质土壤；黏质土壤排水能力较差，可换入一些沙质土壤。挖穴或沟时，表土、心土应分开放置。填土前，在穴（沟）底铺放 20 厘米左右的作物秸秆或杂草，并施入适量氮肥，以利于秸秆腐熟。填土时将表土与适量有机肥混匀置于根系分布层内，后填心土，浇水踏实。

（5）肥料准备　基肥状况对于苹果等多年生果树的生长尤为重要。栽植前根据土壤状况，应准备好充足的肥料，包括有机肥和无机肥。注意有机肥在施用前应充分腐熟。

（6）水源准备　定植时，必须灌足水。因此，充足的水源是必备的。不能漫灌，应采用水管或水桶灌水的方式。

26. 苹果栽前如何进行苗木处理？

（1）消毒　凡由外地运入的苗木，应用 3～5 波美度石硫合剂药液喷布根、干，避免带菌染病。

（2）分级和修整　按苗木大小、根系好坏，不同情况给予不同管理，对劈伤的枝干和主侧根应予修整。

（3）浸泡　由外运入的苗木或在储藏中失水的苗木，栽前必须在清水中浸根 12～24 小时，以利于成活。

（4）进行根系和嫁接口的处理　解除嫁接时的绑膜或绑绳。剪除嫁接口处的干橛。要及时剪除病伤根系，并用杀菌剂及时涂抹处理。

27. 栽植苹果树具体方法有哪些？

（1）挖定植穴（沟）　在规划的园地用仪器和测绳打点，确定定植穴（沟）的位置。按定植点挖宽 1.0 米、深 0.8 米的定植穴。宽行密植的可挖定植沟。在挖定植穴（沟）时，要把熟土和生土分别放置。挖好后每株用 50 千克有机肥再加 0.2 千克氮肥和 0.5 千克磷肥与表土混匀，填入穴（沟）中，后填底土，随填土，随压实，填至距地面 20 厘米为止。

（2）栽植　将劈裂的根剪去，较粗的断根剪成平茬，然后用清水浸泡或用磷肥泥浆浸根。栽植时要纵横对齐，按标行距定好苗位。苗木放正后，填入表土，并轻抖苗干，使根系自然舒展，与土壤密接，随即填土踏实，填土至稍低于地面为止，打好树盘，灌足底水，封土保墒。栽苗深度要适当，让根颈稍高于地面，待穴（沟）内灌水沉实、土面下陷后，根颈与地面相平为度，栽苗过深，树不发旺；栽苗过浅，容易倒伏。秋季栽植，可将定干的苗木埋土防寒，土堆高度 40～50 厘米，可防止苗木失水和抽干。同时要准备比定植数量多 5%～10% 的预备苗，假植在株间或行间，以备补苗。

（3）起垄栽培　对土壤贫瘠的果园，结合施基肥起垄栽培，可起到明显的增产效果。起垄栽培促进吸收根生长和发育。因起垄栽培增加了土层厚度，为根系生长发育创造了良好的环境，促发较多的吸收根。起垄栽培的果树根系发达，能吸收更多的养分和水分，从而有利于树体生长发育和花芽分化，提高坐果率和果实产量及品质。

28. 苹果苗定植后要进行的管理有哪些?

（1）苗木定干　对已栽好的树苗要及时定干，一般在栽完后进行，也可以在栽植前剪截定干。定干高度要根据苗木大小和砧木类型确定，一级苗大苗定干高度要高些，小弱苗定干高度要低些，剪口都要选在饱满芽上。乔化苹果苗定干高度一般为 80～100 厘米，矮化苗为 60～80 厘米，这些定干高度均包括 10～20 厘米的整形带。对于特殊栽植方式的苗木的定干高度，可视具体情况而定。

（2）浇水保墒　栽后的浇水保墒是确保苗木成活的关键，我国北方地区春季干旱，一定要及时浇水，最好在浇 2～3 遍水后覆盖黑地膜，这样既可保墒，又能增加地温，还能抑制杂草。在定植前要阴透定植穴，定植后随即要浇定植水，苹果定植水一般不宜过大，春季浇水多会影响地温，不利于缓苗。定植水后数天当小苗发出新叶，表明根系开始恢复生长，苗已缓转，此时要浇一次大水，称为缓苗水。植株缓苗后，根系进入快速生长期，这时根际环境的好坏，会对根的发生发展产生显著影响。根际缺水也直接影响根的发展，及时补水是必要的。

（3）幼树补栽 春季发芽以后，要认真检查苗木的成活情况，对于死亡的苗木要查明原因，及时补栽。因为萌动以后补栽不易成活，可在苗木定植时假植一些苗木，翌年利用假植苗木进行补栽。当年补栽一般是利用田间假植的备用苗，在当年雨季的阴天取带叶、根系的苗木，带土团，随挖随栽，也可以在当年晚秋或在来年发芽前进行补栽。补栽的苗木，其砧穗组合应与死株的相同，树龄一致，以保持园貌整齐。

（4）中耕除草 幼树根系浅，杂草的生长会严重影响根系对养分和水分的吸收，因此幼树要及时中耕除草。当缓苗水下渗后、人能够进地时，就可以进行中耕。中耕可以疏松土壤，清除杂草，还具有保水、缓温、增肥效、防病虫等功能。更重要的是可促进苹果根系的发生和下扎，有利于根系养分的吸收，调节地上部和地下部的生长平衡，以及营养生长和生殖生长的平衡。

29. 苹果园防护林的作用是什么？

在风沙大、寒冷、干旱的地方和在盐碱地上建立果园时，营造果园防护林有下面几点好处。

（1）降低风速，一般通过防风林风速可降低 $25\%\sim50\%$，这样可减低风对果树的机械伤害，有利于蜜蜂的飞行传粉，在风速超过 17 米/秒时，蜜蜂飞行即受阻。风速降低可减轻折枝和采前风吹落果，减轻枝叶对果实的擦伤，也便于喷药等作业。

（2）减少土壤水分蒸发，提高空气相对湿度，改善果园水分条件，也减轻地面返碱。减少果树通过叶面消耗的水分，改善果树水分平衡的状况，减轻旱害。

（3）保持水土，防止流沙移动，防止土壤风蚀，保持地面积雪。

（4）调节温度，减轻冻害。

防护林实际作用范围受林的高度、宽度、长度、林型、园地的地形地势和风速的影响。一般防护林越高，所在地势越高，它的防护距离越远。在防风林（半透风型）的背风面，其防护范围是林带高的25～30倍，林带高度12～15倍时效果最高。

30. 苹果园防护林如何营造？

防护林配置的方向和距离应根据当地主要风向和风力来决定，既要有效地防止风害，又要保证果园通风透光良好，管理方便。一般要求主林带与主风向垂直，通常由5～7行树组成。风大地区，可增至7～10行，其距离应相隔400～600米。为了增强主林带的防风效果，可与其垂直营造副林带，由2～5行树组成，带距300～500米。

山地果园营造防护林除防风外，还有防止水土流失和涵养水源的作用。不论主林带还是副林带可适当增加行数，最好乔木与灌木混交。为了避免坡地冷空气聚集，林带应留缺口，使冷空气能够下流。同时，林带应与道路结合，根据具体地形和风向，尽量利用分水岭和沟边营造。

果园背风时，防护林应设于分水岭；迎风时，防护林设于果园下部；如果风来自果园两侧，可在侧沟两岸营造。为了保证防风效果和利于通气，边缘主林带可采用不透风林型，其余均可采用透风林型。林带内株行距因林型和树种而不同，一般情况乔木株距1.5米左右，灌木0.50～0.75米，行距1.5～2.0米。为达到预期效果，应正确选择林带树种。以就地取材为原则，选择对当地风土条件适应力强、树体高大、生长迅速、寿命长，与果树没有共同病虫害的树种。同时还可选一些适宜的果树砧木种类作为防风林的树种，以便采集种子，增加收益。

常用的乔木树种有杨、柳、榆、刺槐、侧柏、黑松、黑枣、山楂、枣和柿等。灌木有紫穗槐、杞柳和花椒等。

第三章 苹果整形修剪技术

31. 苹果营养生长与生殖生长的关系是什么?

营养生长与生殖生长的关系主要表现在营养器官的枝叶生长和生殖器官的果实发育、花芽分化之间的关系。营养生长是生殖生长的基础，在适量的枝叶基础上才能多结果，结好果。而营养生长和生殖生长又互相争夺养分，如果、枝、叶生长过旺，大量的营养用在枝叶生长上，就会抑制花芽的形成，或引起落花落果，影响果实的发育。若枝叶生长衰弱，积累营养不足，则同样影响花芽的形成和坐果；反之，开花结果过多，消耗大量营养物质，就会削弱营养器官的生长，使树体衰弱，降低产量质量，抑制花芽形成。

运用合理的栽培措施，平衡营养生长与生殖生长之间的关系，使枝叶量和果量维持在一个合理的比值上，才能达到高产、稳产、优质。在修剪时，对壮树轻剪长放，使之多成花、多结果，以果控长，以果压冠；对弱树适当重剪，少结果，加强生长势，最终使生长与结果的矛盾统一起来，实现幼树早果早丰、大树优质丰产。

32. 苹果整形修剪的作用有哪些?

整形修剪可以调节果树与环境的关系，合理利用光能，与环境条件相适应；调节树体各局部的均衡关系及营养生长和生殖生长的矛盾；调节树体的生理活动。

(1) 调节果树与环境的关系 整形修剪的重要任务之一是通过调节个体、群体结构，改善通风透光，充分合理地利用空间和光能，调节果树与温度、土壤、水分等环境因素之间的关系，使果树适应环境，环境更有利果树的生长发育。

在土壤瘠薄、缺少水源的山地和旱地，宜用小树冠并适当重剪控制花量，使之有利旱地栽培；在寒冷地区，苹果、桃等采用匍匐整形，葡萄采用无主干扇形整枝，便于冬季埋土防寒。北方果树易受冻、旱危害的地方，秋季摘心充实枝芽和冬前剪去未成熟部分枝梢减少蒸腾，是防冻、旱的有效方法之一。在春季易遭晚霜危害的地方，苹果和梨适当高定干和多留腋花芽，杏树通过夏剪形成副梢果枝等，都能在某种程度上减轻晚霜对产量的影响。日本栽植的梨树采用水平棚架整形有利于抗台风。故通过适当的整形和修剪，能在一定程度上克服土壤、水分、温度、风等不利环境条件的影响。

整形和修剪可调节果树个体与群体结构，改善光照条件，使树冠内部和下部有适宜光照，树体上下内外，呈立体结果。从树形看，开心形比有中心干树形光照好。有中心干的中、大型树冠，一定要控制树高和冠径，保持适宜的叶幕厚度，通常可将叶幕分为2～3层，叶幕间距保持1米左右，光能直接射到树冠内部，尽量减少光合作用无效区。

增加栽植密度，采用小冠树形，有利提高光能利用率，表面受光量增大。叶幕厚度便于控制。如果密度过大，株行间都相接，同样也会在群体结构中形成无效区。此外，通过开张角度，注意疏剪，加强夏季修剪等，均可改善光照条件。

（2）调节树体各局部之间的关系　果树植株是一个整体，树体各部分和器官之间经常保持相对平衡。修剪可以打破原有的平衡，建立新的动态平衡，向着有利于人们需要的方向发展。

地上、地下的关系。利用地上地下的平衡关系调节树体的生长。果树地上部与地下部存在着相互依赖、相互制约的关系，任何一方增强或削弱，都会影响另一方的强弱。地上部剪掉部分枝条，地下部比例相对增加，对地上部的枝芽生长有促进作用；若断根较多，地上部比例相对增加，对其生长会有抑制作用；地上部和地下部同时修剪，虽然能相对保持平衡，但对总体生长会有抑制作用。移栽果树时必然切断部分根系，为保持平衡，对地上部也要截疏部分枝条。

主干环剥、环割等措施，虽然未剪去枝叶，但由于阻碍地上部有机营养向根系输送，抑制新梢生长，必然使根系生长受到强烈抑制，进而在总体上抑制全树生长。

根系适度修剪，有利树体生长，但断根较多则抑制生长。断根时期很重要，秋季地上部生长已趋于停止，并向根系转移养分，适度断根既有利根系的更新，对地上部影响也小；在地上部新梢和果实迅速生长时断根，对地上部抑制作用较大。

生殖生长与营养生长之间的关系。生长和结果是果树整个生命活动过程中的一对基本矛盾，生长是结果的基础，结果是生长的目的。从果树开始结果，生长和结果长期并存，两者相互制约，又可相互转化。修剪是调节营养器官和生殖器官之间均衡的重要手段，修剪过重可以促进营养生长，降低产量；过轻有利于生殖生长而不利于营养生长。合理的修剪方法，既应有利营养生长，同时也有利生殖生长。在果树的生命周期和年周期中，首先要保证适度的营养生长，在此基础上促进花芽形成、开花坐果和果实发育。

对幼年果树的综合管理措施应当有利于促进营养生长，适时停长，壮而不旺。整形修剪可以通过开张角度、夏剪、促进分枝、抑制过旺新梢生长等措施，以利于向结果方面适时转化。

盛果期树花量大、结果多，树势衰弱和大小年结果是主要矛盾。通过修剪和疏花疏果等综合配套技术措施，可以有效地调节营养生长和生殖生长的矛盾，克服大小年结果，达到果树年年丰产，又保持适度的营养生长，维持优质丰产的树势。

调节同类器官间均衡。枝条与枝条、果枝与果枝、花果与花果之间也存在着养分竞争，果农中有"满树花半树果，半树花满树果"的说法，表明花量过大，坐果率并不高，通过细致修剪和疏花疏果，可以选优去劣，去密留稀，集中养分，保证剪留的果枝、花芽结果良好。

（3）调节生理活动　修剪有多方面的调节作用，但最根本的是调节果树的生理活动，使果树内在的营养、水分、酶和植物激素等发生变化，有利果树的生长和结果。

重短截的植株叶绿素含量较多，但到生长末期其差别消失。植株光合作用的强度、蒸腾强度和呼吸强度，也以修剪处理表现较强烈，在 7 月枝梢生长特别旺盛时最高，生长末期下降，其变化较对照缓和。随着叶片的衰老，多酚氧化酶活性提高，表现为对照植株中多酚氧化酶比修剪的多，因此，其叶片衰老快，植株停止生长早。

夏季摘心去掉了合成生长素和赤霉素多的茎尖和幼叶，使生长素和赤霉素含量减少，相对增加细胞分裂素含量，因而促进侧芽萌发，有利于提高坐果率。葡萄花前或花期摘心，在短期内控制了结果新梢生长的同时，使花序中的小花内的细胞分裂素含量升高。若生长早期摘心，树体内细胞分裂素水平高，成熟叶片少，抑制物质含量低，摘心后反应较强；生长后期摘心，树体内细胞分裂素下降，成熟叶片多，抑制物质含量增多，则不利于副梢萌发。

夏季对发育枝反复短剪后的 20～60 天使乙烯出现高峰，这个效应可能与促进成花有关。

环剥、环割可局部改变环剥口以上的营养水平，可控制旺长，促进成花，是幼树早结果、早丰产的重要技术措施。环剥有抑前促后的作用，即对环剥口上部的生长有抑制作用，而对环剥口下部则有促进作用。果树实施环剥、环割技术，其原理是暂时阻碍光合作用生产的有机物向地下部运转，使营养集中在枝、芽上积累，促进花芽形成，提高花质，减少落花落果；使幼树营养生长周期缩短，提早结果；使旺长、空怀树增加产量。

枝条拉平、弯曲会促进乙烯合成，近先端处高、基部低，背上高、背下低，从而影响枝条生长；弯枝转折处细胞分裂素水平提高，有利于上侧芽的分化、抽枝。

（4）减轻病虫害的发生 树冠郁闭，容易滋生各种病虫，同时打药也非常困难。通过合理修剪改善内膛光照，增强树冠的通风透光条件，可以大大减轻病虫害的发生。在修剪的同时去掉病弱枝、感染病虫的枝条，还可以减少病虫害的基数。

33. 苹果的生长特性有哪些？

苹果是落叶乔木，有较强的极性，通常生长旺盛，树冠高大。一般管理条件下，嫁接在乔化砧上的苹果树株高为 5～6 米，而嫁接在矮化砧上的只 2～3 米。嫁接后的苹果树栽后 2～3 年开始成花结果，经济寿命在一般管理条件下为 15～50 年，土壤瘠薄、管理粗放的只有 20～30 年。由于顶端优势和芽的异质性综合作用的结果，苹果通常具有较强的干性和明显的层性。因品种间的萌芽力和成枝力有差异，其层性的明显程度也不同。

34. 苹果枝条的分类有哪些？

根据苹果树当年生枝上是否着生果实分为营养枝和结果枝，多年生果树枝可分为骨干枝、辅养枝和结果枝。骨干枝包括主干、中央领导干、主枝、大侧枝（日本称为亚主枝）、侧枝等。新梢依其长度又有长枝、中枝、短枝和叶丛枝几种。不同类型的枝条，其停止生长的早晚和积储养分的能力不同。叶丛枝和短枝一般在萌芽展叶后 3～4 周即停止生长，养分很少外运。中、长枝停止生长时间晚，它们的同化养分制造较多，外运量也大，是树体（包括根系）储藏营养的主要来源。因此，在同一株果树上要有不同数量和比例的长、中、短枝相配合。果树的壮梢在 6～7 月常有停滞或停长阶段，然后再进行生长，使新梢明显地分为上、下两段，下段为春梢，上段为秋梢。在梢段交接处往往形成无芽或弱芽节段，称为盲节，在此处修剪可以抑制该枝的营养生长。

结果枝按其长度可分成长果枝（＞15 厘米）、中果枝（5～15 厘米）、短果枝（＜5 厘米）三类。苹果树花芽为混合芽，萌发后既抽生新梢，也能开花结果。多数苹果树品种以短果枝结果为主。有些品种在幼树期和初果期长、中果枝和腋花芽枝也占有一定的比例，能够提前结果。结果枝开花结果后，一般其上发生 1～2 个果台副梢（即果台枝），果台副梢有长有短，与品种特性和生长状态有关。

35. 什么是顶端优势？

顶端优势，又称极性，是指果树树冠上部枝条的先端和垂直位置较高的枝芽生长势最强、下部的枝芽生长势依次减弱的现象。

利用或控制顶端优势，是果树整形修剪中经常运用的技术措施。利用顶端优势可以抬高枝芽的空间位置。利用优势部位的壮枝、壮芽可以增强树体的生长势。为了增强弱枝的生长势，可利用抬高枝条的角度，用壮枝、壮芽带头以及轻剪长放等措施。为了平衡树体长势，需要控制个别枝条的顶端优势时，可采用压低枝芽的空间位置，或压低枝条开张角度等修剪措施，以缓和个别枝条的长势并平衡树势。对长势强旺的枝条，可采用抑制其顶端优势的修剪方法；对弱枝，则应尽量利用其顶端优势的修剪方法。这种修剪方法，可达到抑强扶弱、平衡树势的良好效果。

36. 苹果整形修剪的原则有哪些？

（1）**确定合理的目标树形，并按照目标树形逐步培养**　在进行果树种植前一定要确定一个合理的目标树形，并从始至终围绕着目标树形培养。苹果树是多年生果树，能够结果几十年，目标树形的确定非常重要，只有知道了将来的禁止树形，才能在树形培养过程中做到有的放矢。国内外的生产经验都表明乔化砧木只能按大冠树培养，要想提高品质最好采用开心树形，这样有利于枝叶照光，提高果实品质。矮化栽培最好采用细长纺锤形，但矮化树抗性差，冬季干冷或水肥条件差的地区不宜采用。

矮化树完全成形需要7～8年，乔化树需要十几年，所以目标树形一旦确定就不能随意更改，围绕这个目标逐步培养。对于开始种植的临时株要有计划地缩冠间伐。我国很多地方种植的果园往往是一成不变，开始按2米×3米、2米×4米和3米×4米种植，等7～8年后果树大了还是这个密度，十几年后长成了果树林，树膛内不能成花，果实产量品质大幅度下降，这是我国苹果园存在的通病。

（2）**按照最佳的群体结构控制枝叶量**　合理的群体结构是维持树冠最佳光照分布的保证，整形修剪的目的就是要制造合理的群体结构。研究表明，我国乔化苹果大树的最佳群体结构参数是：树高控制在4.0～4.5米，叶幕厚度3.0～3.5米，富士、国光、红玉、王林等亩枝量为 5 万～7 万，元帅、乔纳金、陆奥等为 5 万左右。

（3）因树修剪，随枝做形 苹果树生长和工厂制作不同，每棵树的实际生长情况和理想情况都会有所差异，另外病虫害、大风、人为伤害等经常造成树相不整齐，这就需要在整形修剪过程中要做到因树修剪，随枝做形。随枝作形的前提是有形，根据树体实际向目标树形靠拢。在修剪中也要本着解决光照的原则，培养优良的结果枝组。

（4）甩放修剪，轻重结合 我国过去苹果树的修剪重视短截，有轻短截、中短截、重短截、带死冒、带活冒等手法，而多数品种（特别是富士）一短截就冒条，难成花。甩放和疏剪方法更适合，这种方法既简单又容易成花。一般而言，枝势越旺，修剪越轻，以利于缓和枝势。扭梢、圈枝、撸枝等技术虽能促进成花，但不能培养出稳定的结果枝组，还扰乱树形结构，不宜采用。

（5）统筹兼顾、平衡树势 在苹果修剪过程中既要考虑树形，

也要考虑结果，局部与整体要通盘考虑。主要确定时要在主干四周分布，上下错开，同一层的主枝大小相似；枝组培养也要交错排列，立体结果；不同枝势应采用不修剪方法，以维持中庸枝势。

（6）周年修剪　苹果的整形修剪主要在休眠季进行，但生长季的修剪也很重要。春季抹芽可节约树体养分。夏季修剪能改善光照，促进成花，提高品质。秋季修剪可促进果实着色，还能减轻冬剪的工作量。生长季修剪能削弱枝势，修剪量不宜过大。

（7）各种修剪技术综合运用　修剪不仅是剪和锯，还包括拉枝、环剥、刻芽、摘心等，将各种技术综合运用才能取得理想的效果。

37. 苹果树常用的树形有哪些？

目前，苹果树的丰产树形主要有小冠疏层形和自由纺锤形（或细长纺锤形）两种。

（1）小冠疏层形树体结构及特点　干高 40～50 厘米，树高 2.5～3.0 米，全树共有骨干枝 5～6 个。第 1 层有主枝 3～4 个，临近形相互错落着生，开张角度为 70°～80°，其上直接着生结果枝组；第 2 层 2 个，全部邻节或临近排列，开张角度为 60°，其上直接着生中小枝组。第 1 层与第 2 层间距为 80～100 厘米。这种树体结构的特点是树体矮小，光照较好，结果早，更新快，品质优，产量高，适宜亩栽株数为 34～55 棵，属中密度果园。

（2）自由纺锤形树体结构及特点　这种树形是密植苹果园采用较多的丰产树形。其结构为干高 60～70 厘米，树高 2.5～3.0 米，中心主枝直立，其上分布 10～12 个主枝，主枝向四周相互错落着生，均衡排列，相邻两主枝间距为 15～20 厘米，主枝角度较大，一般为 70°～80°，每个主枝都是单轴延伸，下部主枝长度为 1.0～1.5 米，其上直接着生中小枝组。这种树形的特点是树冠矮小，有明显的中心主枝，其上直接着生结果枝组，无明显层次。树体紧凑，枝组丰满，修剪量轻，成形快，易于立体结果，产量高。

38. 苹果丰产树形的基本要求有哪些?

(1) 应与苹果树的生长特性相符合品种不同,生长结果特性差别很大,应以树性选择树形。在整形过程中,必须根据果树的整体特性,因势利导,造成既定的树形,才能取得满意的效果。如苹果普通型生长势强,一般应选用中、大冠树形,而短枝型品种,相当于半矮化树,故宜用中、小冠树形。有些苹果品种,发枝多,树冠密,宜用骨干枝少、级次高的树形。有些品种枝条软,下垂生长,宜用高干树形;反之,枝条硬,角度小,直立生长,则宜用低干树形。在采用矮化砧的情况下,依砧穗组合的矮化程度不同,可分别选用矮小的或中等大小的树形。

(2) 有利于早果、丰产和优质一般树冠大的树形,为了不影响骨干枝的建设,往往要剪掉许多枝条,破坏地上部与地下部根系的平衡,必然会刺激地上部旺长,影响早期成花结果。而生产中提倡的小树冠整形,从定植开始,便采用极轻的修剪方法,增加了生长点,形成大量中、短枝,达到栽后 3 年结果、5 年丰产。

(3) 适应环境条件不同的生态、栽培条件,应选用不同的树形。如温湿地区果树生长旺盛,树冠高大,则宜用较大树形;反之,冷凉干燥的山地和西北黄土高原等地区,果树生长中庸偏弱,树冠紧凑,则宜用中、小冠树形。台风、大风多的地区,为避免风害,应选低干、矮冠树形。在栽培技术水平高、土肥水条件好时,宜用较大树形,反之则用较小树形。在机械化水平高的果园,可以采用高干和梯形树冠。总之,应因地制宜地选择和确定树形。

39. 苹果冬季修剪的方法有哪些?

(1) 短截 对 1 年生枝条剪去一部分,留下一部分称为短截。按短截的程度,一般可分为轻短截、中短截、重短截和极生短截 4 种。轻短截,只剪去枝条的顶端部分,剪口下留半饱满芽,由于剪口部位的芽不充实,从而削弱了顶端优势,芽的萌发率提高,且萌发的中、短枝较多，有缓和枝势、促进花芽形成的作用。中短截，在枝条中部剪裁，剪口下留饱满芽。中短截的枝条是将顶端优势下移。加强了剪口以下芽的活力，故成枝力、生长势强。中短常见骨干枝的延长段，用于扩大树冠和培养大、中型枝组。重短截，在枝条的下部，剪去枝条的大部分剪口下留枝条基部的次饱满芽。由于剪去的芽多，使枝势集中到剪口芽，可以促使剪口下抽生 1～2 个旺枝，常用于更新枝条。极重短截，在枝条基部轮痕处剪，剪口下留芽鳞痕。由于此处的芽不饱满，故剪后一般只能萌发 1～2 个中庸枝，起到降低枝位和削弱枝势的作用。在枝条基部留短桩剪，俗称抬剪。可促使基部瘪芽或副芽抽生 1～2 个短枝，有利于培养结果枝组。

（2）回缩　　也称缩剪，一般是在多年生枝或枝组上进行，对多年生枝或枝组回缩，主要用于改变枝条角度，促进局部或整体更新，削弱局部枝条生长量，促进局部枝条生长势，增加枝条密度，对弱树可起到促进成花的作用，对量大的枝条可起到减少营养消耗、提高坐果的作用。

（3）疏剪　　疏剪是指把一个一年生枝或多年生枝，从基部剪掉或锯掉。疏剪给母枝留下伤口，故对剪口以上的芽或枝有削弱作用；反之，对母枝剪口下的枝，则有促进作用。疏枝可改善通风透光条件，改善枝冠内部或下部枝条养分的积累。要某种情况下，可以减少营养消耗，集中营养，促进花芽形成，特别是对生长强旺的植株或品种，疏剪比短截更有利于花芽形成。

（4）缓放　　亦称长放，是指对一年生枝不剪，任其自然生长。缓放一般多在幼树辅养枝上应用。缓放极易形成叶丛枝和短枝，为早果、丰产、稳产打下良好基础，但对直立竞争枝和徒长枝应结合拉枝进行，以控制顶端优势，达到缓势促芽之目的。

（5）复剪　　复剪是在花期前进行，是冬季修剪的一种补充措施，主要用于调整花芽数量。当苹果树小年时，冬季修剪时花芽难以识别，进行复剪，既可以不误剪花芽，又可疏除无用枝条；当冬季修剪留花芽过多时，进行复剪，可节约营养消耗，有利提高坐果率和果实品质。

40. 苹果夏季修剪的方法有哪些?

夏季修剪是冬季修剪的补充,如应用配合得当,会取得非常好的效果。常用的方法如下。

(1)刻芽 春季萌芽前,在枝条芽的上方(或下方)0.5厘米处横切一刀,只伤皮层而不伤木质部,叫刻芽。在芽上方刻芽,有利于该芽萌发,在芽的下方刻芽,有利于养分积累在枝条上部,起到控制树势,促进花芽形成和枝条成熟的作用。

(2)抹芽除梢 从萌发期至新梢生长前期去掉弱、病虫、萌蘖及过密枝芽,叫抹芽除梢。其主要作用是去劣选优,节约养分,改善光照,提高保留枝芽的质量。

(3)摘心 新梢长到一定长度摘去顶端。可用于抑强扶弱,利用副梢,提高坐果率及促进枝条成熟等。其主要作用是暂时中止先端生长,改变养分流向,达到预期目的。

(4)拉枝 可以扩大树冠、改善光照、缓和树势、增加枝量,改变枝条方向,尤其是增加中、短枝数量,对形成花芽及早结果有重要作用。拉枝的角度不同,其效果也不一样,一般可拉70°～90°。辅养枝的拉角大于骨干枝。为了平衡树势,较大的骨干枝拉角可以大一些,较小的骨干枝拉角可以小一些。拉枝的枝条应拉成"线"形,不可拉成"弓"形。

(5)环剥、环割、倒贴皮 将枝梢的韧皮部剥去一圈,称为环剥。只割伤韧皮部一环、不剥皮称为环割。将剥离的树皮,颠倒上下位置后再嵌入原剥离处,包扎愈合,叫倒贴皮。这些措施都是对生长过旺枝条采取的办法。目的是暂时阻止养分下运,抑制生长,促进花芽分化或提高坐果率。

(6)曲枝、扭枝和拿枝 将旺枝扭曲或略伤韧皮部、木质部,改变枝向,控制枝势,促进花芽分化。还有刻伤、纵伤等措施,都可迅速生效。

目前应用较多的是芽上方刻伤,促发新梢。方法是:中心干或主枝光秃部位，选择饱满的隐芽处，用刀在芽上方0.5厘米处横刻，宽0.2厘米，长为枝圆周的1/2，伤口深达木质部即可。刻伤时要注意春季西北风多且大的地区，气候干燥，刻伤时迎风面易将隐芽抽干，背风面却无此弊。

41. 不同苹果品种的修剪特点有哪些?

（1）新红星　幼树成枝力低，延长枝不宜采用里芽外蹬或背后枝换头法开张主枝角度，而以撑、拉等方法开张角度为好。由于对修剪比较敏感，重剪易衰弱，为保持枝势中庸，除剪截外宜多采用缓放，3年生以前，一枝不疏，辅养枝、临时枝一律拉平。夏季修剪效果明显，对背上新梢于半木质化时留3～5片叶扭梢。当年就有30%以上顶芽形成花。摘心成花也极明显，新梢生长发育至30厘米左右时，摘去5～7厘米顶梢，成花枝率较高，并且第1芽长出新梢还可第2次摘心。对环剥反应极敏感，容易过度削弱枝势，因此主干不宜环剥。锥形枝较多，一般采用破顶芽剪，促生分枝，培养枝组；对两侧和下垂的锥形枝可让其自然生长，形成枝组。壮旺枝短截后，除抽生1～2个长枝，下部易形成短果枝成花，连续短截也可以成花，利用此特点培养不同类型枝组。中庸营养枝可缓放不剪，易成花，结果后回缩培养结果枝组。结果枝组以疏除过强和过弱枝、留中庸枝不断更新。大量结果后注意疏除过密枝组，以利于通风透光。

（2）红富士　对于普通红富士系品种新梢生长量大，生长势强，为缓和树势，以轻剪为主。另外，该品种对修剪反应较敏感，重截易冒旺。因此，在轻剪缓放的基础上可采用疏剪手法。

幼树轻剪，有利于缓和树势，提高坐果率。同时注意开张角度，中心干上少留辅养枝，利用更换中心主干延长枝的办法，调节树势，防止上强下弱。对骨干枝延长枝、适度轻剪长放。盛果期树修剪突出一个"疏"字，及时疏除外围旺枝、竞争枝，以利冠内通风透光。疏除冠内徒长枝，骨干枝背上旺枝，特别是骨干枝中上部旺枝，以及冠内密挤枝，疏除细弱枝和弱枝组。冗长的结果枝组要回缩疏除，促其后部分枝健壮成长，使结果部位紧凑。细弱果台枝，芽小，连续结果能力差，必须疏除较弱的果台枝，集中营养，促使较好枝延长生长。

健壮发育枝空间大时，可连续中短截，培养大型结果枝组，或戴帽剪培养大型枝组；空间小时可重短截，促生中小枝，培养中、小枝组。中庸枝空间大时，可行中截，培养中型结果枝组；空间小时，缓放中庸枝，结果后回缩成小枝组。细弱枝短截可形成小枝组。及时更新结果枝组，对长势旺的枝组可剪去顶端旺枝，控制其顶端优势，抑前促后。背上直立枝可重短截，长出新梢后，再连续摘心，促生分枝，对形成的结果枝组去弱留强。长势中庸的健壮枝组，调整叶芽和花芽的比例，确保丰产稳产。

短枝型红富士幼树顶端优势强，易出现上强下弱现象。因此，修剪应注意：疏除旺枝，多采用中庸枝换头；将旺枝压平或压下垂以控制枝势。对骨干枝要特别注意角度开张。萌芽率高，枝条粗壮，易腋花芽结果，还有一小部分60厘米左右长中庸枝顶芽结果，由此修剪特点应是只疏不截或少截，即疏除竞争枝和过密枝，骨干枝延长短截，其余枝甩放不剪。由于生长势强，定植后前2年骨干枝延长头可每年短截2次，以增加枝叶量，促进成花结果。一般6月剪截1次，留长25～30厘米，冬剪时再截留40～50厘米。夏剪促花效果好。6月上旬新梢30厘米左右时扭梢，成花枝率较高；8月上旬拿枝（水平或下垂）成花率更高；4年生以后旺树、旺枝可进行环剥。果枝连续结果能力强，但枝组结果过多易急速衰弱，要注意早更新。枝组上缓放枝易成花，待结果后回缩更新。

（3）金帅 幼树干性强，易出现上强下弱现象。对中央领导枝要采用弯曲延伸方法削弱长势，必要时采用换头法加以控制。该品系枝条较开张，成形容易。

对修剪反应不敏感。幼树骨干枝可采用中截法，促生分枝，扩大树冠。1年生枝多短截，而多年生枝短截后容易枯死。1年生枝短截后，易抽生2～3个分枝。

中下部多抽生3～5个短枝。成花容易，坐果率高，腋花芽较多。修剪时注意调节花量，延长枝疏除腋花芽，以免枝头结果过多下垂。主枝上一般不配侧枝，中长枝缓放成花后，回缩培养枝组；背上枝长势较弱，可短截培养小型枝组。可连续结果，并形成结果枝组。旺枝重截，发枝后缓放促花。壮枝进行中截或重截，发枝后去直留斜，培养为中、小型结果枝组。细弱枝应加粗健壮后再短截，否则越短截越细，甚至干枯。细长枝连续缓放，果少、个小，且花枝形成也少，果台副梢不易成花，所以应在缓放出一串短果枝后，及时见花修剪，且要中重短截，果台副梢多次短截易成花。

第四章　苹果花果管理技术

42. 什么是苹果的花芽分化?

苹果的花芽分化是指芽轴生长点经过生理上和形态上的变化形成花器官原基的过程,是苹果由营养生长向生殖生长转变的重要阶段,是苹果花芽形成及开花结果的必要条件。

苹果的花芽分化是一个动态过程。总体上讲从当年5月到第2年的3月花芽分化都在进行,除了休眠期外,在6~9月花芽大量集中分化。全过程可分为3个阶段。

(1) 生理分化期　芽生长点由叶芽的生理状态向花芽生理状态转变的过程,起始于新梢长出顶芽或腋花芽后、枝条停止生长时,终止于花芽形态分化期开始之前。一般在苹果盛花期后的6周开始,在适宜条件下苹果树的花芽分化盛期是6~7月,花芽分化会一直延续到9月中旬至10月中下旬。一般花芽分化从短枝开始,然后是中枝、长枝。

(2) 形态分化期　芽的生长点形态结构发生变化,芽内花原基逐渐发育成各种花器官(花萼、花瓣、雄蕊、雌蕊等)的过程,始于生理分化后的2~3周,在秋季落叶前形态分化结束。花芽分花数量的多少与新梢的生长量及新梢停长早晚密切相关,生产上通常通过花芽分化时期的长短来控件花芽数量,克服大小年。

(3) 性细胞分化期　指花粉粒和胚珠的分化与发育,从休眠期到开花前。这一时期与坐果率高低关系密切。

43. 苹果花芽分化的条件有哪些?

花芽形成的质量对果实的品质、产量等具有重要的影响,花芽分化过程受内在(树体的营养基础、激素水平等)和外在(温度、气候等环境因素)等各种因素的影响。

48

（1）苹果花芽分化内在条件　①芽的生长点细胞必须处在缓慢分裂状态。新梢处于快速生长阶段或处于完全停长阶段形成不了花芽，只有新梢处于缓慢生长时才有利于花芽分化。

②具备一定的营养物质储备。花芽分化过程中需要消耗碳水化合物、蛋白质、核酸、矿质元素等营养物质，营养物质的种类、含量、相互比例以及物质的代谢方向都影响花芽的分化，研究表明在供应足够的碳水化合物的基础上，保证相当量的氮素营养，C/N适宜，才有利于花芽分化。

③相对平衡的内源激素。花芽分化是在多种内源激素共同参与作用下发生的，保持内源激素平衡才可使花芽分化正常进行。苹果成年叶中产生的脱落酸和根尖产生的细胞分裂素能够促进花芽分化，而种子、幼叶产生的赤霉素和产生于茎尖的生长素能够抑制花芽分化。

（2）苹果花芽分化的外在条件　①温度。花芽分化对温度要求较高，长期高温或低温不利于花芽分化。苹果花芽分化的适宜温度是 20～25 ℃，低于 5 ℃或高于 30 ℃均不利于花芽分化。盛花后4～5 周，即花芽生理分化期间保持 20～24 ℃，有利于花芽分化。

②光照。光照是花芽形成的必要条件。光照不足，降低光合速率造成树体储藏养分不足，花芽分化不良；强光、紫外线强，能够抑制生长素和赤霉素的合成，而抑制新梢生长，诱导产生乙烯，有利于花芽形成。因此，长日照有利于苹果的花芽分化。

③水分。花芽分化期间必须保持适量的水分，适度控水能够抑制新梢营养生长，减少光合产物的消耗，有利于花芽分化，土壤湿度保持在田间持水量的 60%～70% 为宜。

④土壤养分和矿质元素。充足的营养能保证果树正常进行花芽分化，花芽分化过程中必须保证矿质元素的充足供应。如在花芽分化期间适当喷施氮、磷、钾等肥料，则成花效应明显。

44.　苹果的花芽分化如何促进？

生理分化期是苹果花芽分化的关键时期，一般在 6～7 月进行，对这一阶段进行调控，有利于花芽分化的形成。采用合理的栽培技术，抑制树体的营养生长，促进花芽的形成。如合理的树形，改善通风透光条件，增加树体养分；对于过旺的树体和枝条，采用环剥、环割、开张角度、摘心等技术措施，促进花芽的形成；通过疏花疏果，控制大小年现象；花芽诱导期，通过控制水分、喷施磷、钾肥促进花芽的形成；使用生长调节剂，人工合成的生长调节剂与植物内源激素一样，能够影响苹果的花芽分化，对于新梢生长过旺的果树，喷施一定浓度的生长抑制剂（如乙烯利、多效唑等）可以抑制赤霉素的形成，从而抑制新梢的生长，有利于花芽分化。

45. 苹果落花落果的原因有哪些？

落花落果现象是指苹果开花后至果实成熟前出现的花、果自然脱落的现象。落花落果是苹果生产过程中一种常见的现象。我国大多数苹果产区都存在着严重的落花落果现象，严重影响着苹果的产量和品质。了解苹果落花落果原因、科学进行花果管理，是实现苹果增产、提高果品质量的有效途径。造成落花落果的原因有很多，包括果园的立地条件（气候、土壤、生物等各种环境因素对苹果生长发育的影响）和栽培管理方式等，主要表现在以下几个方面。

（1）树体储藏养分不良　苹果花芽分化受树体储藏营养水平高低的影响，树体储藏养分不足，影响花器官的发育；同样，如果树体营养生长过旺，导致养分消耗过多，也容易引起落花落果。

（2）花芽质量差　苹果属于异花授粉树种，自花结实率低。花芽分化不完全，形成的花无雌蕊，花药瘦小或无花粉而散粉率低，授粉受精不良，子房发育不完全，在果实发育过程中易导致落果。

（3）缺乏授粉树或授粉树配备不当　主栽品种和授粉品种花粉与柱头亲和力的强弱直接影响授粉受精的效果，是生产中确定授粉树搭配比例的依据。建园时未能按要求配置授粉树或授粉树不合理会导致主栽品种无法正常的完成授粉受精而落花。

（4）花期气候不良　引起落花落果的恶劣天气主要有倒春寒、大风及沙尘天气。倒春寒天气，较长时间低温使苹果花芽极易被冻伤至冻死，无法完成授粉受精，造成灾难性的损失。在苹果花期，若遇连阴天、扬沙尘天气，可降低花粉的散粉率，使授粉受精过程受阻。花期有4级以上的大风也可将花、果刮落。

（5）**果园管理水平低** 土壤瘠薄、树体储藏养分不足造成树势较弱，影响花芽的质量。花期如果土壤营养和水分不足，导致根系发育不良，不能提供开花坐果所需的养分和水分，引起落花落果。另外，在肥水充足的情况下，特别是氮肥施用过量，枝条徒长，导致生殖生长和营养生长不平衡，也会引起落花落果。

46. 苹果花期发生冻害的原因是什么？

苹果花期冻害是一种常见现象，温度低于－4 ℃花芽就会容易发生冻害，预防、补救措施处理不当轻者会造成减产，严重发生时可能会导致绝收，而且冻害后畸形果多、优质果率低。花期冻害受很多因素影响，如气候条件、立地条件、品种、栽培方式等。主要影响因素有以下几点。

（1）气候条件　花期异常低温、低温持续时间长是造成花期冻害的直接原因，苹果花芽受冻临界温度是−4 ℃（花蕾期−3.8～−2.8 ℃，开花期−2.2～−1.7 ℃，幼果期−2.0～−1.1 ℃）。苹果花期遭受 0.5 小时以上−2 ℃低温，可使中心花受冻率达到 30%以上，发生冻害。幼果遭受 0.5 小时以上−1 ℃低温，冻果率可达10%以上。

（2）立地条件　连片建园的受害较重，单块小面积果园受害轻；背风面表观较轻，冷空气易于沉积的地形冻害较重；沿海或靠近大水体的地区冻害较轻，干涸河床、低洼地受害较重；逆温地受害重，空旷地受害轻；沙土地受害重，黏土地受害较轻。冻害发生的呈现由东向西、由南向北逐渐加重的趋势。

（3）品种　不同品种承受低温的程度不同，不同品种由于开花时间不同，受冻害程度也不同，盛花期的花最易遭受霜冻，盛花期之前和之后的花遭受霜冻较轻。金冠苹果抗寒性较强，元帅系苹果抗冻性最差，其次是早熟品种红将军和富士，富士苹果中寒富苹果抗寒性最强。

（4）栽培管理　果园管理精细、负载量合理的果园，树势健壮，抗冻性较强；管理粗放、大小年现象严重的果园，树势弱，则冻害发生严重。花期前后浇水的果园较没浇水的果园冻害发生轻。有防护林的果园，冻害发生较轻。

47. 苹果生产中如何防止花期冻害？

花期冻害发生的直接原因是异常持续长时间的低温，低温不是人为能控制的，但是可以采取措施降低低温造成的伤害，通过改变园区小气候和合理栽培技术等几个方面实现。

（1）合理规划园区，减少花期冻害的发生　根据当地立地条件，坚持适树适栽的原则合理规划园区，尽量不在风道、低洼地方建园。同时规划防风林，提高果园保护效果。

（2）合理选择品种　根据当气候条件合理选择优良品种。在春季温度较低的地区应选择耐寒的品种。如东北温度较低，应以晚熟的寒富为主。

（3）**加强果园管理，提高树势** 强化肥水管理、适量留果等措施，保持树势健壮，提高花芽质量，增强花芽抵御低温的能力。

（4）**适当延迟花期** 花芽萌芽前后果园灌水，减低低温，延迟花期，萌芽后至开花前灌水 2～3 次，一般可延迟开花 2～3 天。冬季树体涂白，树体涂白既可以减少病虫害的发生，又可减少树体对太阳热量的吸收，可延迟开花 3～5 天。涂白剂的配方：生石灰或面粉 10 份、食盐 1～2 份、水 35～40 份，再加 1～2 份生豆汁，以增加黏着力。使用植物调节剂延迟花期，萌芽期喷施一定浓度的植物生长抑制剂或其类似物有效延迟花期，如乙烯利、B9、萘乙酸等。

（5）**密切关注花期天气情况，做好预防工作** 密切关注花期天气温度情况，如遇低温，及时采取相应预防措施。有条件的果园可以安装风机，利用风机将冷气吹散；在大面积连片的果园内，每隔一定距离设置一小堆柴草，低温来临时果园生火或生烟，提高果园温度，减少低温伤害，注意柴草与树的距离，以免烧伤树体；使用烟雾剂防止低温，配方为：硝酸铵 20%、锯屑 70%、废柴油 10%。将硝酸铵研碎，干锯屑过筛，在霜冻来临前，按比例混合，用纸筒包好后点燃可提高温度。喷营养液或化学药剂，在低温来临前 1～2 天，喷果树防冻液，其成分为琼脂 8%、甘油 3%、葡萄糖 43%、蔗糖 44%，氮磷钾复合营养素 2%，制备时先将琼脂用少量水浸泡 2 小时，然后加热溶解，再将其余成分加入，混合均匀后即可使用，喷施浓度为 5 000～8 000 倍。另外，强冷空气来临前喷营养液也能较好地预防霜冻，如芸薹素 481、天达 2116 等。

48. 苹果遭遇花期冻害后减少损失的措施有哪些？

花芽受到冻害后，要积极采取有效措施补救，保花保果，提高坐果率，减少损失，主要采取的措施有以下几点。

（1）**保花保果，提高产量** 在温度较低的条件下，苹果花期可以持续 6～8 天的时间，由于短枝的顶花芽和腋花芽开放时间晚，可以避过低温冻害或是冻害较轻。加强这些花的保护工作，可以果园生火、放烟，并喷施 0.2%～0.3% 硼砂＋0.5% 蔗糖液或芸薹素 481、天达 2116，保花保果，以提高坐果率，幼果期叶面喷施利果美 500～600 倍液、0.35%～0.5% 的尿素液或 0.3% 的磷酸二氢钾液，补充树体营养，提高产量。

（2）人工辅助授粉　对受冻较轻的花进行 1～2 次授粉（人工授粉或是花期放蜂），提高坐果率。

（3）停止疏花，合理疏果　冻害发生后，应及时停止疏蕾疏花等措施，待幼果坐果后，再根据每个果园具体坐果情况疏果定果，精细疏果，疏除弱小果、畸形果、冻害果，保留果形端正、发育正常果。

（4）加强果园土肥水管理，增强树势　冻害发生后及时对树冠喷水，有效降低地温和树温，缓解低温冻害；于低温冻害发生前向果树喷施磷、钾肥，或 0.3%～0.5% 的磷酸二氢钾水溶液，增强果树的抗寒性，减轻其冻害；施用百倍邦生根剂，水白金平衡肥，叶喷百倍邦螯合微量元素肥等，促进果实发育，增加单果重，挽回产量。

（5）加强病虫害综合防治　果树遭受晚霜冻害后，树体衰弱，抵抗力差，容易发生病虫害。因此，要注意加强病虫害综合防控，尽量减少因病虫害造成的产量和经济损失。树上喷 3% 的多抗霉素 800～1 000 倍液，防治花腐病、霉心病，隔 1 周再喷 1 次，减少病虫害造成的损失。

49. 苹果保花保果的措施有哪些？

苹果保花保果采取以预防为主，防、治、管相结合的措施。加强土肥水管理，结合喷施微肥、生长调节剂使苹果生长处于中庸状态。外界灾难性天气和不可抗拒因素，以预防为主，通过增强树势提高抵抗不良环境的能力。另外，应培育晚花、抗寒、耐湿、生育期短的优良品种。具体可采取以下措施。

（1）加强树体管理，提高树体营养水平　土肥水管理：果实采收后立即追施 1 次速效性复合肥或果树专用肥，按照每株树 0.5～

0.8千克施用。重视秋施基肥，按照每生产100千克果实施有机肥100~150千克、尿素0.2千克、过磷酸钙1~2千克、硫酸钾300千克，充分混合均匀后施用，增加树体营养，提高花芽质量和数量；合理整形修剪：及时疏除徒长枝、背上枝，减少树冠郁闭，改善通风光照条件，对于花芽量大的树，剪除过弱、过密花枝，及时疏花疏果，提高坐果率，过旺的树或枝，要进行环剥或环割处理；加强病虫害的防治：注意保护好果实和叶片，保持好树势，增加树体营养物质的积累，有利于花芽的形成，提高产量。

（2）花期授粉 苹果是异花授粉植物，自花结实率低，在有授粉树的果园中，也需要通过辅助授粉来提高坐果率，达到高产、优质、高效的果品生产，授粉方法主要有昆虫（蜜蜂、壁蜂等）和人工辅助授粉。

（3）花期树体喷水喷肥 花期树体喷水，增加空气湿度，降低花粉和柱头因干燥失水而失活的比率，提高坐果率。另外，开花坐果期树体喷施0.1%~0.2%的硼肥液，可促进花粉管的伸长，喷

花期树体喷水。

喷施0.1%~0.2%的硼肥液。

喷施0.2%~0.3%的尿素液或磷酸二氢钾液。

施 0.2%～0.3%的尿素液或磷酸二氢钾液可促进坐果，减少落果的发生。

（4）幼果期喷肥和植物生长调节剂 幼果期叶面喷施利果美 500～600 倍液、0.35%～0.5%的尿素液或 0.3%的磷酸二氢钾液，补充树体营养，减少枝条和幼果间的养分竞争，可以有效减少落果。新梢旺长期，叶面喷施 PBO 300～500 倍液，可以显著抑制新梢生长，促进花芽分化，提高第 2 年的坐果率。

50. 苹果如何进行辅助授粉？

苹果是典型的异花授粉植物，生产中需要通过辅助授粉来提高坐果率，达到高产、优质、高效的目的，主要有昆虫授粉和人工辅助授粉。

（1）昆虫授粉 昆虫授粉已成为我国苹果授粉的一种重要的技术措施。昆虫授粉可以提高授粉效率，降低人工成本。但是昆虫授粉受天气条件影响大，花期遇到不良气候条件的年份还需要进行人工辅助授粉。昆虫授粉主要依靠蜜蜂和壁蜂进行。蜜蜂授粉：花期苹果园放蜜蜂，在开花前 3～5 天，将蜜蜂蜂箱移入苹果园内。强壮的蜂群每公顷果园 3～5 箱蜂，如果是弱蜂群，每公顷果园增加至 15 箱蜂，可增产 65%。放蜂在天气正常、风和日丽时进行，授粉效果很好，坐果率能达到 70%以上，增产效果很明显。注意果园放蜂期间不能喷药，以免伤害蜜蜂及其他访花的昆虫。壁蜂授粉：投放时间为开花前 3～4 天，在果园行间每方圆 26～30 米设置一巢箱（距离地面 40 厘米左右），并在巢箱前挖一个 40 厘米×40 厘米×40 厘米的水坑，保持土壤湿润，供蜂衔泥筑巢，完成后将蜂茧放在一个扁长方形纸盒内，盒前壁留 3 个圆孔以便蜂脱壳而出。苹果园每亩释放 100～200 头壁蜂即可。蜂巢相距 40～50 米（壁蜂有效活动范围）。放蜂量过多，使坐果率过高，造成树体营养浪费，并增加疏果工作量。蜂巢相距过远，坐果率低，应辅以人工授粉。

（2）人工辅助授粉 人工辅助授粉是最行之有效的方法，但是用工量大、成本高。首先要采集花粉，采集授粉品种的花蕾（蕾铃期，即含苞待放的未开花蕾），双手拿两朵花蕾相对揉搓，就可把花药脱下，除去其中的花丝、花瓣，薄薄地摊于报纸上，室温阴干，放出黄色花粉，置阴凉干燥的地方保存，注意花粉必须干燥且不能见直射的阳光。授粉方法有人工点授和喷粉两种。人工点授：以中心花开放15%左右时开始进行人工点授。将干燥的花粉装入干净的小玻璃瓶中，用带橡皮的铅笔或毛笔来蘸取花粉，轻轻一点柱头即可，一次蘸粉可连续授粉3～5朵花，每个花序可授粉1～2朵。喷粉：把采集好的花粉与滑石粉或淀粉按1：（50～80）的比例混匀，在盛花期进行大树喷粉。液体授粉：将采集的花粉混合于糖尿素溶液中进行喷雾授粉。花粉液的配方是水12.5千克、白砂糖25克、尿素25克、花粉25克，先将糖、尿素溶于少量水中，然后加入称量好的花粉，用纱布过滤，再加入足量水搅拌均匀。为提高效果，可在溶液中加少许豆浆，以增强花粉液的黏着性。为了提高花粉的活力和发芽力，可在溶液中加入25克硼酸，这样的花粉液随配随用，不能久放隔夜。

51. 苹果生产过程中要疏花疏果的原因是什么？

疏花疏果指人为的及时疏除过多花果的过程，是保持树势，争取高产、稳产、优质的一项技术措施。如果开花过量、会消耗树体大量储藏的营养，加剧幼果和新梢之间营养竞争，导致大量落果。如果留果量过多，树体的赤霉素水平增高，从而抑制当年花芽的形成，造成大小年现象。因此，及时适宜地疏花疏果，可以提高优质果率和提高树势。具体有以下好处。

（1）避免大小年现象，使苹果连年丰产 果实发育的同时，也伴随着花芽分化的进行，如果果实负载量过大，果实发育会消耗大量的树体营养，抑制花芽分化的进行，从而影响第2年的产量，造成大小年现象。合理疏花疏果调节营养生长和结果的关系，丰产稳产，提高苹果品质。

（2）增强树势 开花及果实发育会消耗树体储藏养分，过多的花、果消耗了大量养分，使树体营养生长缓慢，影响树体的生长。疏除过多的花果，使树体的营养分配更加合理，有利于树体生长，增强树势。

（3）提高坐果率　虽然疏花疏果疏掉了部分果实，但是也减少了树体养分的消耗，降低了因树体养分不足造成的落果现象，能提高坐果率。

（4）提高果实品质　疏花疏果使结果数量减少，有利于增大果个，保证了果实的整齐度，疏除病果、畸形果，增加了商品果率。

52. 苹果疏花疏果应遵循的原则有哪些？

（1）宜早不宜迟　越早疏花疏果越能减少树体养分的消耗，因此，疏果不如疏花，疏花不如破芽。

（2）克服惜花惜果观念　要克服心理观念，切勿舍不得疏除，按树定产、按株定量、按量留花留果。

（3）坚持质量第一的原则　疏花疏果必须做到准确细致，同一棵树要按先上后下，先内后外的顺序逐枝进行，先疏除病虫果、畸形果，保证果品质量，疏除时切勿碰伤果台。注意保障下部多的叶片及周围的果实，正确安排留果位置，保证果实健康生长。

（4）按市场需求疏果　在疏花疏果中，考虑市场需求也是必不可少的环节。按照近几年来各个区域果品市场需求的不同，可对疏花疏果的力度进行合理调节，若果品在疏花疏果时已确定销售去向，需按其区域市场疏花疏果。

53. 苹果疏花疏果的方法有哪些？

疏花疏果的方法有人工疏花疏果和化学疏花疏果两种。

（1）人工疏花疏果　人工疏花疏果具有一定的可选择性，需要在了解成花规律和结果习性的基础上进行，为了节约储藏营养，应尽可能早进行，疏花可以结合修剪进行，当花芽形成过量时，着重疏除弱花枝、过密花枝，回缩过长的结果枝组。疏花时期从露蕾后至盛花期均可进行，据品种特性（花量、坐果率等），间隔一定距离留一花序。一般大型果间隔 20~25 厘米、中型果 15~20 厘米、小型果 5~10 厘米留一花序。一般大型果留 2~3 朵花，中小型果 3~4 朵花，坐果率低的品种可多留 1~2 朵花。疏果在谢花后 10~20 天内完成，根据果形、品种、树龄、树势进行疏果，遵循留"中心果、果形端正果、顶芽果"，疏除"边果、小果、歪果、畸形果、病虫果"的原则。大型果每 20~25 厘米留 1 个果，中型果每 15~20 厘米留 1~2 个果，小型果每 5~10 厘米留 1~2 个果。树龄长、树势旺的留果多些、近些，树龄短、树势弱的留果少些、远些。

（2）化学疏花疏果　化学疏花疏果可以节约劳动力，减少生产成本。化学疏花疏果的效果不仅取决于药剂的浓度，而且与药液用量有关，浓度虽适宜，但药液用量过多可引起疏除过重。品种不同，化学疏花疏果的效果也不同。树势弱，容易疏果过度。另外，喷药后如遇降雨，会降低药效。为了避免不必要的损失，在用化学试剂疏花疏果前，应先做小面积的试验，获得成功经验后才能大面积的使用。化学疏花时期：盛花初期（中心花 75%~85% 开放）、盛花期（整株树 75% 花开放）各 1 次，使用的试剂及浓度为：果农熬制的 0.5~1.0 波美度石硫合剂、45% 晶体石硫合剂 150~200 倍液，有机钙制剂 150~200 倍液，橄榄油 35~50 克/升。化学疏果使用的疏果剂及使用时间为：细胞分裂素（6 - BA）200~250 毫克/千克，在中心果直径 8~10 毫米、18~20 毫米时各喷 1 次；萘乙酸 15~20 毫克/千克、萘乙酸钠 35~40 毫克/千克，在中心果直径 6~8 毫米、10~12 毫米时各喷 1 次。

54. 苹果的留果量如何确定？

苹果的留果量依据品种、树龄、树势而决定。树势强的树龄大的可以多留果，树势弱的树龄小的少留果，具体确定留果量的方法有以下几种。

（1）叶果比例法　大型果如红富士，叶果比（50~60）：1；中型果如嘎拉，叶果比为（30~40）：1。

（2）**干周法** 根据树干干周长度确定留果量，计算公式为：留果数＝0.2×干周长²×（1＋保险系数）。干周长为距离地面20～30厘米处主干的周长（厘米），保险系数为20%～30%。

（3）**距离法** 按果间距离留果，大型果每20～25厘米、中型果每15～20厘米、小型果每5～10厘米左右留1个果。

（4）**负载量法** 单株留果数量，由品种、树龄、树势、栽植密度、土壤肥力、管理水平等因素决定。单株留果数＝［每亩预期产量/（每亩株数×平均单果重）］×（1＋保险系数）；保险系数为20%～30%。现代矮砧苹果园不同负载量、株行距、品种留果指标如下表。

不同负载量的株行距的合理留果指标

亩负载量（千克）	品种类型	亩留果数（个）	不同株行距单株留果数（个）								
			0.8米×3米	0.8米×3.5米	0.8米×4.0米	1.0米×3米	1.0米×3.5米	1.0米×4米	1.2米×3米	1.2米×3.5米	1.2米×4米
1 500～	大型果	9 750～13 000	36～47	41～55	47～63	44～59	52～69	59～78	53～71	62～82	71～94
2 000	中型果	10 834～14 445	40～52	46～61	53～70	49～65	57～76	66～87	59～80	69～91	78～104
2 000～	大型果	13 000～16 250	47～59	55～69	63～78	59～74	69～88	78～98	71～88	82～103	94～117
2 500	中型果	14 445～18 056	52～65	61～76	70～87	65～81	76～95	87～109	80～98	91～114	104～130
2 500～	大型果	16 250～19 500	59～71	69～82	78～94	74～88	86～103	98～117	88～106	103～123	117～141
3 000	中型果	18056～21667	65～78	76～91	87～104	82～98	95～114	109～130	98～117	114～137	130～156
3 000～	大型果	19 500～22 750	71～82	82～96	94～110	88～103	103～120	117～137	106～123	123～144	141～164
3 500	中型果	21 667～25 278	78～91	91～107	104～122	98～114	114～130	130～152	117～137	137～160	156～182
3 500～	大型果	22 750～26 000	82～94	96～110	110～125	103～117	120～137	137～156	123～141	144～164	164～188
4 000	中型果	25 278～28 889	91～104	107～122	122～139	114～130	133～152	152～174	137～156	160～182	182～208
4 000～	大型果	26 000～29 250	94～106	110～123	125～141	117～132	137～154	156～176	141～158	164～185	188～211
4 500	中型果	28 889～32 500	104～117	122～137	139～156	130～147	152～171	174～195	156～176	182～205	208～234
4 500～	大型果	29 250～32 500	105～118	123～137	141～156	130～147	154～171	176～195	158～176	185～205	211～234
5 000	中型果	32 500～36 112	117～130	137～152	156～174	147～163	171～190	195～217	176～195	205～228	234～260

注：大型果按200克，中型果按180克，保险系数30%。

55. 苹果疏花疏果应注意的问题有哪些?

疏花疏果要克服惜花惜果的观念,坚持品质第一的原则进行。需要注意以下事项:以人工疏花疏果为主、化学疏花疏果为辅;化学疏花疏果首次应用时应先进行少量试验,保证安全条件下再全园推开;根据品种、树势,适当调整疏花疏果剂喷施浓度;对于花量少、挂果比较少的果树,或遇上不合适的气候条件时,也可以不疏花、不疏果。

56. 影响果实着色的因素有哪些?

苹果果实颜色是由果实中花青素的含量有关,与花青素合成有关的因素都会影响果实颜色。

(1) 与品种有关 苹果着色受遗传与环境共同影响,基因型是品种的固有属性,起决定性作用。有的品种较易着色如新红星、嘎拉、新乔纳金等,有些品种较难着色,如红将军、红富士等,有些品种不着色如金帅、澳洲青苹等。

(2) 环境因素 一是光照,光照是果实着色的必要条件,光照充足能够促进果树叶片进行光合作用,产生出更多的糖类等有机质,为果皮合成花青苷提供充足的营养物质,光照不足或遮阳都会影响着色。二是温度,低温会减少果实因为呼吸强度过大而消耗过多的营养,有利于糖分的积累,从而有利于花青苷的合成,因此,适度的低温能够促进果实着色,昼夜温差高于 10 ℃有利于果实着色。

(3) 水分含量 土壤的含水量在 $60\%\sim65\%$ 时利于果实着色,湿度太低、太高都不利于着色,苹果着色期,应适当控制给果树浇水,控制好土壤的湿度。此外果实着色还与空气湿度有关,空气湿度大,苹果着色快;空气湿度小,着色较慢。

(4) 养分的供应 氮、钾都是苹果非常重要的营养成分,氮肥过量促进树体营养生长,降低果实中碳水化合物的含量,不利于糖分的积累,影响着色;钾元素有利于可溶性糖的合成,也就为进一步合成花青素提供物质条件,有利于果实着色。

(5) 整形修剪技术 不合理的种植密度、树形结构、修剪技术都会造成果园郁闭，通风透光条件差，影响果实着色。

57. 改善果实着色的措施有哪些？

果实颜色是苹果外观品质的重要指标之一，改善果实色泽可以显著提高果品的商品性，主要措施有以下几点。

(1) 因地制宜，选择易于着色的优良品种 定植果园时要根据当地立地条件，适树适栽，选择易于着色的优良品种。

(2) 合理施肥，控制氮肥的施入量 增施有机肥控制化肥的使用，加强叶片追肥，从 8 月中旬到采摘，可以喷磷酸二氢钾 2～3 次。

(3) 合理整形修剪 树体整形时，选择易于果实着色的高光效树形，以细长纺锤形或自由纺锤形为宜，果实着色期及时剪除徒长枝、过旺、过密的枝条及背上枝、合理拉枝，改善树体通风透光条件，促进果实着色。同时，适当抑制秋梢生长，避免过多消耗树体养分，增加树体养分的储藏，也有利于苹果着色。

(4) 果实套袋 通过套袋，果实在遮光条件下生长，抑制叶绿素的合成，使果皮底色变浅，摘袋后利于花青苷的充分显现，短枝红富士果实套袋后鲜艳果率和着色指数分别提高 80% 和 30%。

(5) 果园生草 果园生草，改善果园小气候，保持土壤水分，提高果园土壤有机质含量，利于果实着色。

(6) 摘叶转果 果实着色期，摘除遮挡果实和果实周围的叶片有利于果实获得更好的光照，帮助果实着色；果实着色期转果 2～3 次，使不能被阳光照射的果实接受阳光的照射，利于果实着色。

(7) 铺设反光膜 果实摘袋后铺设反光膜，利用反射作用，使树冠内膛和底部未被阳光照射的果实接受阳光的照射，提高着色率。

58. 反光膜如何铺设？

苹果园铺设反光膜是苹果套袋的一种配套技术，在生产上已广泛使用。铺设反光膜的技术原理：苹果果实太阳光照射后才能着色，树冠内部及果实的阴面由于不能充分接受阳光的照射会引起果实着色不均匀，铺设反光膜通过反光膜的反射作用，改善树冠内膛、下部枝果实的光照条件，使果实不易着色的部位，尤其是萼洼、梗洼充分着色，增加全红果率，提高果实品质。

（1）反光膜的选择 一般选用由双向拉伸的聚丙烯、聚酯铝箔、聚乙烯等材料的纯料双面复合膜，反光效果好，一般可达60％～70％，可连续使用3～5年。

（2）铺反光膜的作用

① 促进果实着色。铺反光膜后，使下垂果的顶部和背阴面都能受光，提高了树冠中下层和内膛的光照强度，促进果实全面着色。

② 提高果实含糖量。铺设反光膜可以提高果实可溶性固形物1％～3％。

③ 促进花芽分化。铺设反光膜，树体光合作用增加，树体营养增加，有利于花芽分化的进行。

④ 提高经济效益。铺设反光膜，提高全红果率，品质提高，提高市场竞争力，经济效益好。

（3）铺设反光膜的时间 套袋果实一般在摘除果袋3～5天铺膜。如果脱袋后马上铺反光膜，白天温度高，会发生日灼。未套袋的果园一般在采收前30～40天进行。纸袋脱完后，应该至少停2～3天再铺反光膜。铺膜有以下步骤。

① 前期准备。剪除树干周围根蘖，乔化果园可在铺膜前清除行间杂草，用耙子将地整平或整成内高外低的小坡面；矮化园可随地势铺膜；套袋果园在铺膜前要先摘袋，并伴有摘叶、转果，疏除内膛过密的枝条。

② 方法。铺膜位置在树盘内外，均应铺严，覆盖度以树冠大小而定，密植园可在树干两侧，顺行向各铺一条膜，反光膜的外边与树冠外沿齐平。铺设时将成卷的反光膜置于果园的一端，然后倒退着将膜慢慢滚动展开，边展开边用石头或砖块压膜，也可将撑枝用的树棍抬起压在膜上，最后用石块或砖压膜。

③ 铺膜后管理。铺膜后要经常检查，遇到刮风下雨时应及时将被风刮起的膜重新整平，将膜上的泥土、积水、落叶及早清洗干净以保证使用效果。采果前将反光膜收拾干净，卷起并妥善保存供来年再用。

（4）铺设反光膜注意事项

① 铺设反光膜时要内高外低，这样可以使雨水流向行间，以防膜面积水而影响反光效果。

② 压膜时不要用土，影响反光效果。

③ 膜面不能拉得太紧，防止反光膜破裂。

④ 铺膜时间应在摘袋后 2～3 天进行，防止日灼。

⑤ 铺膜前先疏除内膛过密的枝条，并摘除果实周围的叶片增加反光效果。

59. 果实套袋的优缺点有哪些？

果实套袋能够苹果果实套袋栽培是提高果品外观品质和生产绿色无公害果品的重要举措之一，近年来广泛得到应用，调查发现，山东、陕西、甘肃等主产区套袋果的比例达到 90％以上。

（1）套袋栽培技术的优点

① 提高果面光洁度。一些黄色品种，如金冠、维纳斯黄金等在空气湿度大、早春低温的地区或年份，果锈普遍发生，果实套袋后，可以减少果锈病害的发生，提高果面光洁度。

② 防止病虫害的发生。果实套袋后，将果实与外界隔绝，病虫、鸟害等不能危害果实。

③ 防止农药残留。我国苹果现在还没有达到绿色无公害生产，使用农药不可避免，套袋可有效防止果面的农药残留。

④ 促进红色品种着色。套袋苹果长期在遮光条件下生长，抑制了叶绿素的合成，使果皮表面的底色变浅，以利于摘袋后花青苷的充分显现，提高果实色泽。

（2）套袋栽培技术存在的问题

① 生产成本急剧增加。随着农村劳动力的紧缺和纸袋成本的

增加，导致苹果生产成本急剧增加，种植者每生产 1 千克苹果生产成本增加 1 元以上，降低了苹果生产的经济效益。

② 套袋果实含糖量降低，风味变淡。果袋内果实的温度提高，果实的呼吸强度增强，碳水化合物的消耗增加，导致果实含糖量下降。另外套袋果上色容易，生产中易出现早采现象，果实早采不利物质积累，常导致含糖量较低，风味变淡。

③ 果实日灼伤害严重。套袋果实对不良气候条件抵御能力差，若遇强光照条件，容易发生日灼，降低商品果率。因此，摘袋应选择阴天的下午进行。

④ 易产生碰伤，储藏性能变差。套袋苹果果皮易产生磕伤、碰伤，导致储藏性变差，在果实采收时，应该使用剪果钳剪短果柄，避免果柄扎伤，同时轻拿轻放，避免磕伤、碰伤。

60. 苹果果实品质有哪些?

苹果果实品质包括果实外观与内在质量。商品果实必须具有该品种的固有性状。因用途不同，对果实质量要求的重点有一定的差异。鲜食用苹果要求果实的外观要艳丽、酸甜适度、松脆多汁、果肉细腻、果心小等，加工用品种要求糖酸含量高、出汁率高、果实色泽好、芳香味浓等。

(1) 外观品质 指标通常包括果形、果个、色泽、硬度等。一是果形及果个，苹果的果形与大小是受基因型和环境共同控制的数量性状，取决于果实细胞数量、细胞体积、细胞的形状及其间隙的大小。除去品种的固有属性外，影响幼果细胞分裂及果实细胞的数量的因素都会影响果形和大小，如花芽质量，储藏营养，受精是否充分，花后气温的高低，土壤湿度等条件。市场上以果实大小适中、高桩受消费者欢迎。二是色泽，在果实发育过程中，由于未成熟的果实，表皮细胞含叶绿体，呈绿色（红肉苹果除外）。成熟时，叶绿素降解，绿色消失，呈红色，色泽的形成主要由遗传因素决定，因品种而异。红富士苹果有条红和片红之分，优质果果实着色面积应为 80% 以上。三是硬度，果肉硬度是果品的一个重要属性，直接决定果品的运输、储藏性能。硬度的大小与细胞壁的机械强度、果胶含量的高低及纤维素的含量相关。硬度过大、过小都会影响口感。理想的果肉硬度在 8~10 千克/平方厘米。

（2）**内在品质**　内在品质直接决定果实的风味口感，主要包括果实香气、糖酸比、可溶性固形物含量、可滴定酸和维生素 C 含量等。果实风味主要取决于所含芳香物质的种类和含量。芳香是果实成熟时所产生特有的气味和芳香。果实中脂肪酸、氨基酸、碳水化合物等物质前体物质或底物，经脂肪酸代谢、氨基酸代谢和碳水化合物代谢途径合成芳香物质。芳香物质主要包括酯类、醇类、酸类、酮类和醛类。随着果实发育期的进行，果实中的有机酸、果胶、单宁等的物质逐渐降解，糖酸含量增加。因此，果实过早地采收，对其品质十分不利，但过晚采收，也会影响果实的储运能力。

61. 影响果实品质的因素有哪些?

绝大多数的果实品质指标是多基因控制的数量性状，由基因型和环境共同决定。在苹果生产过程中，除品种特有属性外，环境条件或栽培技术的差异，都会影响果实的品质。

（1）**品种**　品种的好坏是品种的固有属性，优良的品种是生产高质量果品的前提。栽培者在定植时，一定要根据不同的目的，选择适应当地立地条件的优良品种。若以鲜食为目的，要选择果个大、色泽好、酸甜适度、香气浓、丰产性好的品种；若以加工为目的，要选择某物质含量高、丰产性好的品种；如果选择作为砧木用，则要嫁接亲和性好，有矮化作用，产量高的品种；以城市绿化为目的，要选择生长期长，花有香味，而且耐修剪的品种。

（2）**肥料**　我国绝大多数果园有机质含量低于 1%，加之生产者追求高产，在生产过程中有机肥料投入不足，化肥（尤其是氮肥）施用过量，造成土壤保肥保水能力差、树体营养生长过旺、树体储藏养分不足，导致果实着色差、含糖量低、风味不足。

（3）**树体状况**　整形修剪不当，使得树体高度不够，主枝基角太小、背上枝直立、旺长，背下枝细长、下垂，枝条类型混乱，进入结果期晚，且不丰产。同时造成果园密闭，通风透光条件差，果实着色差。

（4）**花果管理失控** 留果量超载，栽植时不配授粉树或授粉树配备不合理，致使授粉受精质量差，树体负荷量过大，缺乏疏花疏果，使果实变小、外观及内在品质下降，同时会造成大小年现象，影响产量。

（5）**果实套袋** 虽然果实套袋能显著改变果实的外观品质，但同时也会造成内在品质（如糖、酸含量，果实风味等）严重下降，而且容易碰伤。

（6）**果实采收期不合理** 过早或过晚采收均会造成苹果品质下降，过早采收容易影响果实口感和质量，过迟采摘则会影响果实的硬度、货架期及以后树体的正常生长。

（7）**果园病虫害** 果园管理不当，病虫害严重，主要有落叶病、细菌性穿孔病、流胶病、褐腐病、轮纹病、腐烂病、蚜虫、红蜘蛛和二斑叶蝉等，造成品质下降。

（8）**环境因素** 如果当地的环境条件不适宜苹果树的生长，就不要盲目栽培，以免劳民伤财、徒劳无功。气候因素指光照、温度、空气、水分、风、冰雹等；土壤因素指土壤无机物和有机物及土壤微生物等。地形因素指地表起伏、地貌状况，如山岳、高原、平地、洼地等；生物因素指动物、植物、微生物等；人为因素指人在生产过程中对资源的利用、改造和破坏直接或间接对果实品质造成的影响。

62. 果实品质如何提高？

提高果实品质主要有以下几个方面。

（1）**选择优良的品种** 选择优良品种是生产优质果品的前提，果品的口感、色泽、营养与品种密切相关。苹果树生命周期长，一般十年到几十年，一旦定植很难更改，如果品种本身的品质差，其他条件都适宜苹果生长发育的要求，也难以生产出优质的果品，因此，必须选择适合当地气候条件的优良品种进行种植。

（2）**深耕改土，促进树体健壮**　苹果树对土壤要求较为严格，需要土层深厚、排水良好、有机质含量高、微酸性或中性土壤。对于土壤条件差的栽培地区，定植前深翻土壤，改变土壤的通透性，利于根系的生长，必要时可以采用客土移植。在深耕翻土的同时，多施有机肥（质）、及时种草、覆草、埋草、实施"沃土工程"，促进根系的发展，从而促进树体健壮，实现果品的高产、稳产、优质。

（3）**科学施肥，以有机肥为主，合理施用化肥**　肥料的施用量坚持以有机肥为主、化肥为辅的原则。秋施基肥能够改良土壤的结构，给苹果树生长提供各种所需的营养成分，有利于来年苹果的花芽分化，同时可以提高果实含糖量和风味，促进果实着色，提高果实的产量。基肥的施入量占全年施肥量的 60% 以上。有机肥可以选用猪圈粪、牛马粪和人粪尿等，也可以施用焚烧过后的一些草木灰。合理施用化肥，化肥的施用主要是以钾肥为主，对于氮肥的施用应该适量，并搭配一些微肥。在苹果树整个生长过程中，氮元素不可或缺，但是氮肥的施用必须适量，过多的氮肥只会造成营养生长过剩，茎粗、叶片肥大等，影响花芽分化。叶片过多会阻碍光合作用，影响果实的口感。钾肥是整个生长期需要最多的元素，钾肥有助于植物对产生的光合作用产物进行运输，从而提高果实的产量和质量。

（4）**整形修剪**　果实着色时，及时清除树冠内徒长枝，疏间外围竞争枝及骨干枝和背上直立旺梢，改善树体的通风透光环境，使树冠内相对光照在 20%～30%；摘叶，果实摘袋后，及时摘除影响果面着色的叶片，有效增进果实着色；转果，把果实未着色的部位转向阳面达到果实全面着色的目的。转果时不要用力过猛，以免扭落果实，避免在中午转果，以免发生日灼。

（5）**疏花疏果，合理负荷**　在平衡营养生长和生殖生长的基础上，通过肥水管理及修剪，尤其通过辅助授粉和疏花疏果，既保证提高平均单产，又要坚决防止结果过多造成大小年现象，制定一个合理的产量标准，理论上依据叶果比，实践上可根据干周或距离或果枝类型限产定果，既保证树体健壮达到高产稳产，又能保证负载合理，使果实发育良好，个大质优。可以根据不同的生长年限、不同的生长势、不同的管理水平合理安排树体的留果量。盛果期每亩应控制在 3 000～4 000 千克。

（6）铺设反光膜　铺反光膜的目的是使果实萼洼部位和树冠下部及树冠北部接受不到阳光照射的果实受光，提高全红果率。一般在摘袋后 3～5 天进行。每亩可铺设 350～400 平方米，铺设期间及时清除膜上的树叶和尘土，保持膜面干净，提高反光效果。

（7）加强果园管理　在加强肥水管理的基础上，还要注意加强果园病虫害的管理，保持树体健壮生长。苹果树常见的虫害有蚜虫、红蜘蛛和天牛等，常见的病害有腐烂病、轮纹病和斑点落叶病等。种植户可以根据各个时期各种病虫发生规律进行预测预报和重点防治。抓住苹果树冬季落叶后至萌芽期这段时间做好果园的清园工作，例如，及时刮除树干以及分枝上的老皮、翘皮，并将果园中的落叶、病果以及病虫枯枝等集中烧毁或者深埋，并喷洒 150 倍的石硫合剂液，在生长季节病虫害达到一定的指标以后，可以有针对性地选择高效低毒的药物进行化学防治。

63.　苹果果袋如何选择？

目前，生产上使用的苹果果袋种类很多，主要有单层纸袋、双层纸带和塑膜袋。双层纸袋促进果实着色效果好，防病虫和降低农药残留效果好于单层纸袋，是生产高档红色品种果品的首选，但成本相对较高。果袋的选择要根据品种而定，像金冠、维纳斯黄金等非红色品种不需着色，套袋的目的是防止果锈和降低农药残留，因此，选择成本相对较低的塑膜袋即可。较易着色的红色品种，如新红星、嘎拉、新乔纳金等，主要使用单层纸袋。红富士、红将军等较难着色的品种，易选择双层纸袋，以促进着色。双层纸袋外层为灰绿色，内层为黑色，内袋为蜡质红色的纸袋。

64.　苹果套袋怎样进行？

套袋时期根据品种和天气情况而定，套袋过早，果柄未开始木质化，容易损伤果柄，影响果实生长；套袋过晚，果皮叶绿素积累过多，影响果实着色。套袋一般在生理落果后进行。红色品种如红富士在落花后 35～40 天为宜；其他非黄色品种可在花后 10～15 天开始。套袋应避开早上露水、中午高温和傍晚返潮，可选择在晴天10:00—13:00 进行，异常高温的中午不宜进行，以免发生日灼。

套袋时先将袋口湿软化，手伸入袋内将袋子撑开，张开两边底角的通气孔，然后纵向开口朝下，将果实放入袋内，使果柄置于纵向开口基部。再将袋口从两边向中间果柄处挤折，最后用袋口处的铁丝捆扎紧即可。套袋时应注意：幼果悬于袋内，不要紧贴纸袋以免造成日灼；袋口要扎紧，防止雨水和病虫进入袋中；铁丝不能捆在果柄上，以免造成果柄受伤脱落；袋口尽量朝下，以免雨水、药剂进入袋内。套袋前要在严格疏花疏果的基础上进行，注意病虫害的防治，套袋前 2 周每周一定要打一遍杀菌杀虫剂，可在补充钙肥时进行喷药。另外，套袋前 3～5 天要灌 1 次水，待地皮干后开始套袋。套袋时遵循先上后下、先内后外的原则，以防碰落果实。

65. 苹果摘袋怎样进行？

苹果摘袋时间依品种、立地条件、气候条件等来确定。在内陆及沿海地区，容易着色的品种如嘎拉、新红星、新乔纳金等，在采收前 15～20 天摘袋；海拔高、昼夜温差大的地区可在采收前 10～15 天进行。较难着色的品种如红富士、乔纳金等在内陆和沿海地区采收前 25～30 天摘袋为宜，在高海拔、昼夜温差大的地区采收前15～20 天摘袋为宜。绿色品种可以在果实采收前进行摘袋。不同地区日照强度和光照时数不一样，各个品种摘袋时间也不一样。海拔高、地势光照强度大、昼夜温差大的地区，摘袋时间可距采收期近一些；反之，则应早一些摘袋。

摘袋应在多云或阴天天气进行，应避开日照强烈的晴天，防止日灼。套塑膜袋的苹果不需摘袋，可带袋采后出售或储藏。单层纸袋在摘袋时先将袋撕成伞形罩在果实上，5～7 天后再全部去掉。双层纸袋摘袋时先去除外层袋，1 周后再摘除内层袋，以免果面温差变化过大。无论上外袋还是内袋都应选择在 11:00 前和 16:00 后或在阴天进行。上午摘除树冠西侧的果袋，下午摘除树冠东侧的果袋，使果实逐渐适应光照强度，减少日灼的发生。切忌在高温强光下摘袋。摘袋时遵循先冠内、后冠外，先上后下，先郁闭树、后透光树的原则。在摘袋后果实着色过程中，要配合摘叶和转果等技术措施，促使果面全面着色，提高外观品质。摘袋后 3 天左右喷 1 次对果面刺激性小的杀菌剂，防止病害的发生。生产上常用甲基硫菌灵、活性氧杀菌剂等。摘袋后还可以贴上字或小图案增加果品的商业价值。

66. 苹果摘叶和转果如何进行？

苹果摘叶和转果是促进果实着色的重要技术措施。摘叶是指用剪刀将遮挡或紧贴果实的叶片剪除，消除因叶片挡光造成的果实着色不良，剪出时应保留叶柄。摘叶的时期一般选择在果实摘袋后 3～5 天开始。先摘除贴果叶和遮光叶，然后摘除树冠上部果实周围 5 厘米的叶片和树冠内膛果实周围 10 厘米范围内的叶片。摘叶量控制在 20%～30% 为宜，摘叶过早过多会导致树体养分储藏不足，含糖量降低。摘叶一般分 2～3 次进行。第 1 次在摘袋后 3 天开始，摘除遮挡果实的叶片，7～10 天后进行第 2 次和第 3 次，摘除果实周围的叶片，总摘叶量控制在 30% 以内。第 1 次摘叶量少，不影响叶片光合作用和含糖量，到了第 2 次和第 3 次，气温逐渐下降，叶片光合作用减弱，反而减少了叶片因呼吸作用对养分的消耗，对树体和果实养分的积累反而有积极作用。

转果是将果实未着色的部位转向阳面，使果实的阴面也能因为阳光的照射而着色，提高果实的着色面积。转果在摘袋后 5 天开始第 1 次转果，10 天后进行第 2 次转果。转果选择在阴天或多云的天气条件下进行，或在晴天的早晨和下午进行，避免强光照造成日灼。转果时要轻用力，以免碰落果实。对于下垂果，因果实转过后不易固定，可用透明胶带粘在附近合适的枝条上固定。

第五章

苹果园土肥水管理技术

67. 苹果丰产园土壤应满足的要求有哪些?

（1）具有一定厚度的活土层，一般不少于 60 厘米。

（2）土壤疏松，通气性和透水性好，砾石度约 20%。

（3）土壤不少于 30% 的黏性土用于保存水分养分，使土层具有一定的水肥保持能力。

（4）有机质含量不低于 1%。

68. 苹果园土壤改良原则有哪些?

目前，我国绝大多数苹果园不能满足丰产园土壤要求，需要进行土壤改良，改良过程应遵循以下原则。

（1）**增施有机肥**　确保土壤具有持续的水、肥、气、热稳定性，有机质是稳定土壤理化性质的保证因素，因此，需要增施有机肥，提高土壤持水保肥、调节气热的能力。

（2）**局部改良为主，逐渐实现全园改良**　我国果园建设多数"上山下滩"，立地条件较差，难以实施全园改良，因此应以局部改土为主，以后每年扩展，逐渐实现全园改良。

（3）**养好表层及中层，通透下层**　表层根是根系的主要活动区域，养好表层根是实现早果、丰产、优质生产的必须。传统清耕休闲管理的果园，园地表土裸露，表层土壤通气性好，养分释放快，有效养分含量较下层高，但水分、温度不稳定，山岭薄地更加显著。为稳定和维持生长势，在养好表层根的前提下，还应注意 20～40 厘米中层土的改良。在养好表层和中层的同时，还应通透下层土，以打破深层障碍，使下层根系不受窒息危害。

69. 苹果园土壤改良的方法有哪些?

(1) 深翻改良　深翻是土壤改良和低产园改造的基础措施,深翻能够改善土壤的理化性状,促进果树根系的生长。幼树栽植后,前几年内每年或隔年自定植穴向外扩宽 50~100 厘米深翻,深度 50~60 厘米。采用扩穴深翻、隔行或隔株深翻的方法,每次深翻沟要与之前深翻沟衔接,不留空白区。深翻改土时间以秋季为宜,结合施入基肥进行,这时深翻有利于伤根愈合和促发新根。深翻改土时,注意将表层活土层混合施入有机质及粉碎的有机物秸秆等填入底部,将底层死土还原到表层,以利于改良土壤。通过深翻改土,可增加活土层厚度,改良土壤的理化性状,提高土壤通透性,加强微生物活性,增强果树的抗寒能力,提高土壤肥力,增加植株生长量,花芽充实,坐果率提高。深翻改土时注意不伤大根,深翻后及时灌水,保证根土密接。如果园土本身为疏松深厚的沙壤土,则不需要深翻。

(2) 行间生草　行间种草即在树体行间树盘外播种或自然留草生长,防止土壤暴露的方法。在土壤贫瘠、土层深、易水土流失的地区宜采用该种改良方式。果园生草能缓解降雨对土层的侵蚀和水土流失,夏季可有效降低表土层温度,增加冠层以下空气湿度,残草或刈割后草秸覆盖可降解转化为腐殖质,增加土壤的团粒结构,提高土壤有机质含量。播种草种以禾本科、豆科等为宜,如黑麦草、毛叶苕子、三叶草等,自然生草以矮茎浅根系草类为宜。不论人工种草或自然生草,均不耕翻,要定期刈割,即在草旺盛生长季节刈割 2~3 次,割后保留 10 厘米高,割下的草就地腐烂或覆盖树盘,也可先用青草养畜禽,畜禽粪便经过堆沤处理后还田;2~3 年后及时翻压,休闲 1~2 年后重新播种。

(3) 起垄栽植　平原地、黏土地等易积水或排水不良地块土壤通透性差,早春地温回升慢,影响根系活动或导致根系呼吸困难,引起早期落叶,造成植株生长发育不良。此时,可以采用起垄栽培的措施，增加水分散失的面积，垄台高出地面，土壤不板结，透气性大幅度提高。新建果园沿定植行将行间表土沿行向培成垄后，在垄面小坑栽植。一般采用上窄下宽的梯形垄，垄面宽80～120厘米，高度20～50厘米。未起垄的果园可以在行间挖排水沟，挖出的土铺在树盘，逐年将平栽改为垄栽。

(4) 行内覆盖　在树盘上或整个行内覆盖一定厚度的秸秆、干草、堆肥、厩肥、锯末、地膜、地布等，起到储水保墒、稳定根系分布层环境、减少水土流失的作用。覆盖有机物料还可增加有机质含量。除此之外，采用行内树盘覆盖能有效防止杂草滋生，起到降低除草成本的作用。目前，提倡用黑色无纺布或地膜覆盖果树行间，其优点是除草效果好、透气性好、有保温的作用，可使果园地温提高2～3℃，增强果树根系活力，另外，还能保持土壤湿度，减轻干旱对果树生长的不利影响。行内覆膜或地布一般在春季萌芽前整好树盘，浇1次水，追施适量化肥后进行，覆膜后不再浇水和锄地。覆盖草、秸秆等有机物料在雨季以外的季节均可进行，实施前也要整好树盘，浇1次水，追施适量速效氮肥。覆草厚度要常年保持在15～20厘米。有机物料覆盖在山岭地、沙土地、土层薄地块效果明显，黏土地实行有机物覆盖易使果园积水，引起树体旺长或烂根，不宜实施。另外，靠近树干20厘米左右不覆草，防止该处积水影响根、茎呼吸。寒地果园深秋覆草可降低根系冻害风险。覆草果园应注意防火，风大地区可在草上压土。

(5) 穴储肥水　穴储肥水技术是山东农业大学束怀瑞院士发明和推广的一种果树施肥新技术，适用于山地、坡地、滩地、沙荒地、干旱少雨的旱地果园土壤的肥水管理，是一种节约用水、集中使用肥水的蓄水保墒新技术。穴储肥水的主要技术规程如下。

于果树春季发芽前，在树冠外缘下方根系密集区内，均匀挖直径30～40厘米，深30～50厘米的穴（依土层厚度、根系分布状况而定），穴的数量依树冠大小、土壤状况而定。山地果园或幼龄树的树冠较小时，挖穴 3～4 个；7～8 年生冠径 3～4 米时，挖穴 4～5 个；成年大树挖穴 6～8 个。

把穴挖好后，每穴内直立埋入一直径 20～30 厘米、长 30～40 厘米的草把。草把用玉米秆、麦秸、杂草等捆扎而成。并用水、腐熟粪尿混合液或 10% 尿素液浸泡 10～20 天，使其充分吸收肥水。草把上端比地面低约 10 厘米，在草把四周用混有少量氮、磷、钾肥（每穴用过磷酸钙、硫酸钾各 50～100 克、尿素 50 克）的土壤埋好、踏实。草把上端覆少量土，再施入尿素 50～100 克或以氮、磷、有机肥比例为 1：2：50 的混合肥料与土壤拌匀后回填于草把周围空隙中，踏实，使穴顶比周围地面略低，呈漏斗状，以利于积水。最后每穴再浇水 7～10 千克，然后将树

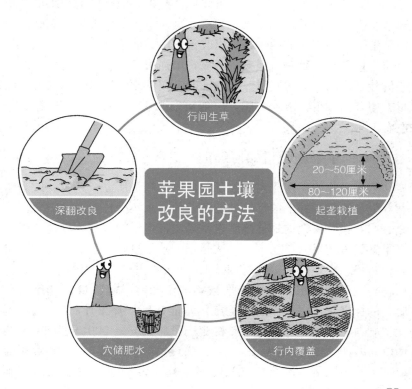

行间生草

20～50厘米
80～120厘米
起垄栽植

苹果园土壤
改良的方法

深翻改良

穴储肥水

行内覆盖

盘地面修平，以树干为中心覆以地膜，贴于地面，四面用土压好封严，并在穴的中心最佳处捅一孔，孔上压一石块，以利于保墒。

覆膜后的施肥灌水都将在穴孔上进行。一般在花后、新梢停长及采果后3个时期，每穴各追施50～100克复合肥或尿素，由小孔施入穴中。土壤瘠薄地，在雨季还可以增施1次化肥。土壤较肥沃的果园，每穴每次追肥50克，肥力低的果园增至100克。覆膜后至新梢旺盛生长后期，每隔10～15天浇水1次，每次每穴3～5千克，由穴孔浇下。若遇雨可少浇或不浇。为防杂草生长顶破地膜，应在覆膜前喷1次除草剂。覆膜后如有杂草生长，可在膜上适当压土抑制杂草生长。

穴储肥水加地膜覆盖技术可以局部改善果园土壤的肥水供应状况，使1/4的根系能够生长在肥水充足而稳定的环境中。储肥穴内的草把可作为肥水的载体，可以改善土壤的通透状况，增加土壤有机质含量，促发果树新根大量形成，增强根系吸收合成能力，使树势健壮，提高产量和质量。实践证明，穴储肥水技术简单易行，取材方便，投资少，节水省肥，一般可节水70％～80％，省肥30％左右。

70. 苹果施肥量如何确定？

苹果吸收的矿质元素，除了形成当年产量所需，还要供应当年营养生长所需，并形成足够的储藏营养供来年生长发育的需要。研究表明，在苹果上的最佳施肥量是果实带走量的2倍。因此，确定苹果施肥量的最简单易行的办法是根据结果量，结合品种特性、树龄、树势、立地条件等加以调整。

有机肥的施用量主要依据当年产量确定，施肥量以"斤果斤肥"的标准掌握，如果有机肥施用量能达到"斤果斤肥"的标准，化学肥料可少量补充。建议有机肥用量4 000～5 000千克/亩。N、P_2O_5、K_2O按幼龄期为1:2:1、初果期为1:1:1、盛果期为2:1:2的比例，配合施入速效氮、磷、钾。在上述比例的基础上，根据土壤养分和树势情况随时调节。建议每生产 100 千克果实需要补充纯氮（N）0.5～0.7 千克、有效磷（P_2O_5）0.2～0.3 千克、有效钾（K_2O）0.5～0.7 千克。例如，产量为 3 000 千克的果园，每亩需要补充尿素 37.5～52.5 千克、过磷酸钙 50～75 千克和硫酸钾 30～42 千克。

71. 苹果园基肥如何进行？

基肥总体原则包括：以有机肥料为主、化肥为辅；施肥时期最宜秋施，中熟品种采收后，晚熟品种采收前施用最佳，对于乔化密植栽培果园，为便于操作，在采果后要立即施基肥，宜早不宜晚。

基肥有机肥宜选用迟效性的腐熟圈肥，化肥为氮肥和过磷酸钙。可提前将几种肥料集中堆腐，施肥前拌匀使用。基肥的施肥量为全部的有机肥（"斤果斤肥"量）和 60% 的化肥量，如采用生物有机肥、豆饼、鱼骨粉等，有机肥可降至"斤果斤肥"量的 50%～70%。

72. 苹果园追肥如何进行？

追肥可分为根际追肥和根外追肥。

根际追肥一般可实施 3 次。第 1 次为花期之前追施钙肥，每亩施硝酸铵钙 20～40 千克，对于苦痘病、水裂纹严重的果园尤其要重视此次追肥。第 2 次和第 3 次追肥以果实膨大为目的。前 1 次建议施用氮、磷、钾配方（20∶5∶15）复合肥，每 100 千克产量施肥 16 千克，果实套袋前后即 6 月上旬施用，采用放射沟、环状沟或小穴。后 1 次建议施用氮、磷、钾配方（16∶6∶26）复合肥，每 100 千克产量施肥 12 千克，施肥时期在 7～8 月，施肥方法同前次，但宜少量多次进行。

根外追肥是通过对树体地上部器官主要是叶片，进行矿质营养补充的施肥措施。苹果根外追肥施肥时期、施用肥料类型、浓度、次数和作用可参考下表进行。

苹果根外追肥表

时期	种类和浓度	次数和说明	作用
萌芽前	3%尿素＋0.5%硼砂	喷3次，每次间隔5天	促进萌芽，提高坐果率
萌芽前	1%～2%硫酸锌	1次	矫正小叶病
萌芽后	1%～2%硫酸锌	1次	矫正小叶病
花期	0.3%～0.4%硼砂	2次，间隔5天	提高坐果率
新梢旺长期	0.1%～0.2%柠檬酸铁或等量螯合态铁	2～3次	矫正叶片缺铁性黄化
5～6月	0.3%～0.4%硼砂	1次	防治缩果病
5～6月套袋前	0.2%～0.5%硝酸钙	连续3次	防止苦痘病
果实发育后期	0.4%～0.5%磷酸二氢钾	连续3次	增加果实含糖量，促进着色
落叶前	0.5%～2%尿素	连续3～4次，浓度前低后高	延缓叶片衰老，增加储藏营养

73. 苹果树需水的关键时期有哪些？

根据苹果年生长的需水关键期，苹果树的年管理周期中有以下几次供水的关键时期。

（1）萌芽前，本次灌水保证萌芽和新梢生长，这一时期水分供应可结合施肥进行。

（2）新梢旺长和幼果膨大期，即花后20天左右，此时缺水会导致生理落果加重，并影响果实膨大，进而影响产量。

（3）果实迅速膨大期，早熟、早中熟品种分别在5～6月和6～7月，中熟、晚熟品种在6～8月，此时期应保证土壤水分充足、稳定，保证果实正常膨大，防治裂纹产生。

（4）果实膨大后期至采收前，该时期不宜供水太多，否则影响果实品质并导致二次旺长，但该时期干旱可引起落果，水分变化剧烈也会导致裂果。因此，此时期水分管理的核心是保持土壤含水量稳定。

（5）土壤封冻前，此时期应灌1次透水，保证树体正常越冬和树体在休眠期的正常生理活动。

74. 苹果园如何进行水分管理?

苹果灌水要根据树体生长发育对水的要求以及土壤水分状况确定。早春灌水时，温度尚低，灌水量不宜过大，以免过度降低土温，影响根系发育，要视土壤水分状况的变动，隔15～20天灌2～3次水。在11月上中旬土壤封冻前灌水的水量宜大而充足，以满足整个休眠期中果树对水分的需要。一年中其他时间的灌水要根据土壤的水分状况灵活掌握。

果园灌水方法以滴灌为宜，无条件的可采用开沟渗灌，尽量避免大水全园漫灌。现在北方地区春季至初夏干旱较为严重，采用滴灌方式，具有省水、节能、地温波动小的优点，是值得推广的灌水方法。

水分管理还要注意雨季果园排水。我国多数苹果栽培区降雨集中在7～8月，此时降雨量大、集中，水分过多反而促使树体徒长，影响花芽分化与果实品质提升，并延迟休眠，严重时发生涝害，导致根系呼吸受到抑制，影响树体生长发育，甚至造成死树，因此，必须及时排水。

75. 苹果园水肥一体化如何实施?

近年来，农村劳动力减少，劳动成本提高，导致果园开沟施肥成本逐年增加。水肥一体化技术是当今世界果园施肥灌溉技术发展的方向和潮流，它不但能大幅度提高水肥利用效率，降低化肥使用量，而且可以节省劳动成本，容易实现规模化经营。根据果园面积、水源、动力和资金投入等情况，推荐在农户果园水平实施重力自压式简易灌溉施肥系统、加压追肥枪注射施肥系统。在公司和合作社规模化果园水平，实施小型简易动力滴灌施肥系统、大型自动化滴灌施肥系统等水肥一体化模式。

（1）**肥料种类选择**　水肥一体化需杂质少、易溶于水、相互混合产生沉淀极少的肥料。一般肥料种类为：氮肥（尿素、硝酸铵钙等）、钾肥（硝酸钾、硫酸钾、磷酸二氢钾、氯化钾等）、磷肥（磷酸二氢钾、磷酸一铵、聚合磷酸铵等）、螯合态微量元素、有机肥（黄腐酸、氨基酸、海藻和甘蔗糖类等发酵物质）。也可选用水溶性较好、渣极少的料浆高塔造粒复合肥、复混肥或直接选用液体包装肥料。实际使用前，可以采用相同浓度将一些肥料溶液加入一个装有灌溉水的玻璃容器内，观察在 1～2 小时内是否有沉淀或凝絮产生。如果有沉淀，很有可能会造成管道或滴头的堵塞。土壤注射施肥的肥料水溶解度可比管道化滴灌要求的标准稍低。商品水溶肥，溶解性好、杂质少、大包装少，目前成本较高，建议大面积果园自己购买肥料配合施用。选用肥料养分成分需要多样化，最好结合地面覆盖，防止单一长期施用一种肥料，造成土壤酸化、盐渍化。一般固态肥料需要与水混合搅拌成液肥，必要时分离，避免出现沉淀等问题。

（2）**灌溉量、肥料施用量与施用时期**　水肥一体化灌溉量：依据当地水源充沛情况、土壤墒情和树龄、结果情况而定，一般年灌溉量 750～1 350 立方米/公顷，灌溉水质一般应该符合无公害农业用灌溉水质标准，禁用污染水灌溉果园。果树生长前期维持在田间持水量的 60%～70%，后期维持在田间持水量的 70%～80%。萌芽前后水分充足时萌芽整齐，枝叶生长旺盛，花器官发育良好，有利于坐果。大型果园可以安装土壤张力计、土壤水分监测系统、气象站等对土壤水分监测灌溉。

肥料施用量：果树的施肥量依据土壤肥力、土壤水分、树体长势、留果量等因素不同而不一样。一般果园全年追肥量平均每生产100 千克果实需追纯氮 0.6～0.8 千克、P_2O_5 0.3～0.5 千克、K_2O 0.9～1.2 千克。亩产 2 500～3 000 千克苹果园，一般推荐施 N

18～23 千克、P_2O_5 8～12 千克、K_2O 25～30 千克。或根据以前的施肥量，土壤测试结果，逐年减少施肥量。推荐使用无机有机水溶肥综合配施或果园施有机基肥加水肥一体化的模式进行。一般灌溉水中养分浓度含量为维持在 N 110～140 毫克/升、P_2O_5 40～60 毫克/升、K_2O 130～200 毫克/升、CaO 120～140 毫克/升、MgO 50～60 毫克/升。

水肥一体化施肥灌溉施用时期及频率：灌溉施肥方案制订应依据少量多次和养分平衡原则。根据苹果各个生长时期需肥特点，全年分为以下几个关键时期进行多次施肥。花前肥，在 3 月下旬至 4 月初进行，以萌芽后到开花前施肥最好。以氮为主、磷钾为辅，施完全年 1/2 以上的氮肥用量。坐果肥在 5 月下旬至 6 月上旬果树春梢停长后进行，促进花芽分化，以磷、氮、钾肥均匀施入。此期的氮肥用量可根据新梢的生长情况来确定，新梢长度在 30～45 厘米可正常施氮肥，新梢长度不足 30 厘米则要加大氮肥的施肥量，新梢长度大于 50 厘米则要减少氮肥的施用量。果实膨大肥一般在 7 月下旬至 8 月下旬。以钾肥为主、氮磷为辅。基肥：对于没有农家肥的果园，基肥也可以采用简易肥水一体化施肥方法进行施肥，具体时间在果树秋梢停长以后，进行第 1 次的施肥，间隔 20～30 天再施 1 次。年灌溉施肥次数依据不同施肥模式不同，一般年施 6～15 次，以少量多次为好。

不同水肥一体化模式下的苹果园亩灌溉施肥量见下表。

苹果园不同水肥一体化模式下的亩灌溉施肥量

项目	重力自压式简易灌溉施肥系统	加压追肥枪注射施肥系统	小型简易动力滴灌施肥系统	大型自动化滴灌施肥系统
全年灌溉量（立方米/亩）	30～50	>9	60～80	80～100
每次灌水量（立方米/亩）	5～8	1～2	3～9	3～6

（续）

	重力自压式简易灌溉施肥系统	加压追肥枪注射施肥系统	小型简易动力滴灌施肥系统	大型自动化滴灌施肥系统
灌溉次数（次）	5~6	4~6	15~20	20~25
肥料浓度（%）	0.5~1	2~4	0.1~0.6	0.1~0.3
适宜果园类型（亩）	1~10	1~5	10~200	200以上
水源	水源缺乏，拉水灌溉	水源缺乏，拉水灌溉	水源稳定，动力输水	水源稳定，动力输水

第六章 苹果病虫害管理技术

76. 桃小食心虫如何防治?

(1) 危害症状 桃小食心虫幼虫多从果梗基部或顶部蛀入苹果,在蛀入孔处留下一小片白色蜡质物。随着果实的生长,蛀入孔愈合成一针尖大的小黑点,小黑点周围的果皮略凹陷;幼虫蛀果后,在皮下及果内纵横潜食,并排出红褐色颗粒状粪便堆积在果道内,果面上显出凹陷的潜痕,明显变

果实中的桃小食心虫

形。近成熟期的果实受害,一般果形不变,但果内的虫道中充满棕褐色的虫粪。幼虫老熟后,在果实面咬一直径 2～3 毫米的圆孔,孔外常堆积棕褐色的虫粪。

(2) 发生规律 山东省一年发生 1～2 代,以老熟幼虫结茧在土中越冬。大部分在树冠下 10～15 厘米深的土层中,部分在树干缝隙内结茧越冬。翌年地温在 10 ℃左右时结茧开始向地表上移,越冬幼虫在 5 月中上旬开始破茧出土,如有适当降雨则会出现连续出土高峰期,幼虫出土后多在树冠下靠近树干处、石块和土块下、地面上果树老根和杂草根旁等荫蔽处做夏茧并在其中化蛹、羽化,羽化后经 1～3 天产卵,绝大多数卵产在果实绒毛较多的萼洼处。幼虫出卵后在果面上爬行几十分钟至几小时,选择适当的部位,咬破果皮,然后蛀入果中。第 1 代幼虫在果实中历期为 20～30 天,于 7 月上中旬幼虫老熟脱离果实,进入树皮缝隙或土里做茧化蛹,蛹期 7 天左右开始羽化,第 1 代成虫在 7 月下旬至 9 月下旬出现。

成虫有夜出昼伏现象和世代重叠现象。成虫在晚熟的苹果树上产卵较多，在中熟、中晚熟的苹果树上产卵较少。第2代幼虫在果实内历期为15～35天，被害果多早熟不脱落，被害果虫道内积满了棕褐色虫粪。幼虫脱果最早在8月下旬，脱果盛期在9月中下旬，有少部分在10月脱果，脱果后入土做冬茧开始越冬。

（3）防治方法　人工防控：田间安置黑光灯或利用桃小食心虫性诱剂诱杀成虫；在幼虫蛀果危害期间（幼虫脱果前），摘除虫果，集中处理，杀灭果内幼虫。在成虫产卵前对果实进行套袋保护，防治幼虫蛀果。

药剂防控：5月下旬至6月上旬的雨后，在树干根颈50厘米为半径的范围内喷施或撒施50％辛硫磷500倍液，然后浅翻土壤，使辛硫磷埋于土下，避免辛硫磷见光分解失效，减少损失。也可用地膜覆盖在施药土壤上，效果更好。也可选用20％溴氰菊酯乳油2 000倍液，或1.8％阿维菌素乳油3 000～4 000倍液等。

77. 梨小食心虫如何防治？

（1）危害症状　幼虫从新梢顶端的茎部蛀入，被害梢不久出现凋萎，在蛀入孔外有虫粪和黏液，最后造成折梢或枯心。后期危害果实，幼虫多从梗洼、萼洼进入，被害幼果的蛀果孔较大，入果孔附近变黑凹陷腐烂，形成一块黑疤，俗称"黑膏药"。有的幼虫在果肉内不规则地蛀食，有的在果皮下串食成弯弯曲曲的虫道。

梨小食心虫危害过的顶梢

后期被害果的蛀孔较小，周围果皮一般不变色，不凹陷，幼虫多直向果心蛀食，蛀果孔附近有虫粪。

（2）发生规律　梨小食心虫在山东地区1年发生4～5代，第

1、第 2 代幼虫主要危害树梢，第 3、第 4 代幼虫主要危害果实，有转移寄主的习性，6 月底至 7 月上旬开始危害苹果。老熟幼虫可在树干裂皮缝隙、树洞和主干根颈周围的土中结茧越冬，第 2 年春季 4 月上中旬开始化蛹并羽化成虫，直至 6 月中旬。

（3）**防治方法**　人工防控：冬季清园，刮除树干上老皮翘皮；5～7 月幼虫转移前剪去摘除蛀梢蛀果，集中销毁；在成虫羽化期挂糖醋液（红糖 5 份，醋 20 份，加水 80 份）或性诱剂诱杀。

药剂防控：成虫盛期喷施 20％甲氰菊酯乳油 2 000～4 000 倍液或溴氰菊酯 2 500 倍液。

78. 二斑叶螨如何防治？

（1）**危害症状**　二斑叶螨又名二点叶螨、白蜘蛛。受害叶片初始，表面出现白色失绿斑点，逐渐扩大呈灰白色或枯黄色细斑，严重时可导致落叶。螨口密度大时，叶面上结一层银白的丝网，或在新梢顶端群聚成球状，较易与其他病害区分。

（2）**发生规律**　二斑叶螨1 年可发生 10 余代。成熟的雌性螨在树根部、枝干翘皮下、

二斑叶螨危害后的叶片

杂草根部、落叶下越冬。翌年 3 月，气温达到 10 ℃时出蛰，4 月底至 5 月初第 1 代幼螨孵化，在适宜温度下，完成一代仅需 8～10 天，6 月以后螨虫陆续上树。8 月中旬至 9 月中旬螨虫进入旺盛期，对树体危害较大。10 月中旬开始，雌性螨虫开始进入蛰伏期准备越冬。

（3）**防治方法**　人工防控：及时清除果园杂草，刮除树干上粗皮翘皮，也可在树干上绑缚枯草，引诱越冬螨虫，园内清除的树皮、杂草等应及时搜集、烧毁。

生物防控：在果园种植紫花苜蓿或三叶草，能够蓄积大量害螨的天敌，可有效控制害螨发生。药剂防治：在害螨发生期，可施用1.8%阿维菌素乳油3 000～4 000倍液，或5%霸螨灵乳油2 500倍液，或15%哒螨酮乳油3 000～4 000倍液，喷药要均匀细致。

79. 苹果小卷叶蛾如何防治？

（1）危害症状 苹果小卷叶蛾主要危害幼芽、花苞、叶片和果皮。发生在叶片时，幼虫吐丝将两叶卷起重叠，啃食内部叶肉呈网状和孔洞。发生在果实时，幼虫吐丝把叶片贴在果实上，啃食果皮和贴近果皮的果肉，形成不规则坑洼，造成伤果，且多雨时果实易腐烂。

苹果小卷叶蛾危害过的幼叶

（2）发生规律 苹果小卷叶蛾1年发生3～4代。幼虫在枝干粗皮翘皮、裂缝、剪锯口内和落叶中做茧越冬，3月下旬越冬幼虫开始出蛰危害新梢嫩叶，4月下旬进入危害盛期。5月中旬老熟幼虫在卷叶内化蛹，蛹期6～9天。5月下旬至6月初越冬成虫进入羽化盛期，成虫在叶片或果面上产卵。卵期7天左右。第1代幼虫发生盛期在6月上旬至中旬，此时期是防治的关键时期。第1代成虫7月下旬至8月上旬生成；第2代8月下旬至9月上旬生成在果面产卵，危害果实；第3代9月中下旬孵化，稍后进入蛰伏期。

（3）防治方法 人工防控：冬春刮除粗皮翘皮和剪锯口，集中烧毁；成虫发生期在树冠下悬挂糖醋液；也可在夜间利用黑光灯或频震式杀虫灯诱杀蛾虫。

药剂防控：在早春幼虫出蛰期和夏季第1代幼虫孵化盛期是药剂防控重点时期，主要药剂有50%辛硫磷1 000～1 500倍液，5%高效氯氟氰菊酯或20%氰戊菊酯乳油等菊酯类2 000～3 000倍液，

48％乐斯本乳油 1 000～2 000 倍液等。

80. 红蜘蛛如何防治？

（1）危害症状 苹果红蜘蛛主要集中叶片正面危害，不吐丝结网，一般不会引起落叶。受害后叶片最初呈现很多的失绿灰白色小斑点，严重时叶片出现苍白色或焦枯的斑块，成虫拉丝下垂。

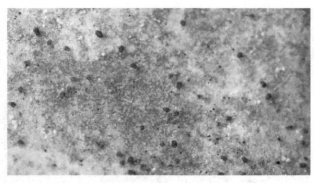

叶片上的红蜘蛛

（2）发生规律 苹果红蜘蛛山东地区 1 年发生 6～9 代。卵在短果枝、果台、芽枝条轮痕处越冬。翌年平均气温在 10 ℃时越冬卵开始孵化。4 月中下旬是越冬卵的孵化盛期。5 月上旬是越冬代成虫发生盛期。5 月上中旬红富士苹果谢花后 1 周左右是初代卵孵化盛期。在苹果开花前和落花后是药剂防治苹果红蜘蛛的关键时期。以后大约每 3 周发生 1 代。全年以 6 月中下旬至 7 月上旬的第 2 代数量最多。第 3 代以后数量逐渐下降。冬卵从 8 月中旬开始出现，起初数量增长缓慢，进入 9 月中旬就显著上升，至 9 月底达到最高峰，10 月上旬以后，冬卵基本结束。

（3）防治方法 人工防控：冬春季刮除老皮翘皮，消灭越冬成虫。

药剂防控：发芽前喷施 5 波美度的石硫合剂，花前可喷施 5％噻螨酮乳油 1 500～2 000 倍液，花后使用 15％哒螨灵乳油（速螨灵、哒螨酮）1 500～2 000 倍液或 5％悬浮剂唑螨酯 2 000～3 000 倍液。

81. 蚜虫类如何防治?

（1）危害症状　苹果黄蚜多在新梢、嫩芽和幼果上发生，吸食汁液，被害叶片初期叶片皱缩，叶尖向叶背横卷，严重时叶片焦黄干枯。

苹果瘤蚜。主要危害新梢、嫩叶，被害叶皱缩，叶缘向背面卷成双筒状，叶片变小，增厚，变脆，最后焦枯，被害枝梢卷曲，变细，不能形成花芽。

苹果棉蚜。多聚集在愈合伤口处、叶腋、裸露地表的根际处，被害部位有白色絮状物，成瘤状，导致树体变弱，影响果实产量，严重时可导致植株死亡。

叶片上的蚜虫

（2）发生规律　一年可发生 10 余代。以卵在枝杈、芽侧及各种树皮缝隙内越冬，主要危害嫩芽、梢尖和新叶。果树发芽时，开始孵化，10 天左右即可胎生有翅或无翅蚜，5～6 月果树新梢旺盛生长期，蚜虫迅速繁殖，常布满嫩梢叶片。6～7 月繁殖达到盛期产生大量有翅蚜并迁飞扩散。雨季虫口密度下降，9 月苹果秋梢生长期数量增多，10 月产生有性蚜，交尾产卵越冬。苹果瘤蚜的发生规律：一年可发生 10 余代，以卵在枝条芽侧缝、卷叶内越冬。

次年苹果萌芽期孵化，孵出若蚜集中在嫩芽、幼叶上危害。5月繁殖较快，是全年危害最重的时期。自7月以后有菌类寄生，降低了虫口数量。10～11月产生有性蚜，交尾后产卵，以卵越冬。苹果棉蚜的发生规律：山东地区一年可发生16～18代，主要以1～2龄若虫在苹果树干裂缝、剪锯口、伤疤处及当年的新梢等处越冬。翌年春季4月气温达到9℃时越冬若虫开始活动危害，5月上旬至7月上旬苹果棉蚜大量繁殖，为全年第1次高发期，8天即可完成1代。7月中旬至8月中旬，受高温和寄生蜂（蚜小蜂）的影响，棉蚜数量大减，9月中旬至以后，由于气温开始下降，棉蚜的数量急剧回升，形成第2次发生高峰。11月下旬大部分若虫进入越冬状态。

（3）防治方法

① 人工防控。苹果萌芽前，刮除树皮，剪除被害枝梢，集中处理，保护蚜虫天敌。

② 药剂防控。树体发芽前喷施5波美度的石硫合剂可灭杀多种蚜虫。5～6月为苹果黄蚜、苹果瘤蚜及苹果棉蚜的主要危害时期，也是防控的重点期，可喷施10％吡虫啉可湿性粉剂3 000倍液、25％溴氰菊酯3 000倍液及其他菊酯类农药，40％氧化乐果1 000倍液。

82. 绿盲蝽如何防治？

（1）危害症状 该虫成虫和若虫以刺吸口器为害苹果幼芽、嫩叶、花及幼果。枝叶受害后，产生黑褐色刺点或孔洞，严重的整叶出现不规则孔洞，叶片畸形或破裂，新梢不能生长甚至死亡。花蕾受害后停止发育逐渐枯死。在幼果面上刺吸会出现红褐色胶状物，形成坏死点然后形成木栓化组

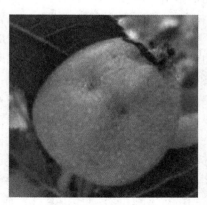

绿盲蝽危害后的幼果

织，使果面凹凸不平。绿盲蝽成虫飞翔能力较强，昼伏夜出，受惊时迁移迅速，较难防治。

（2）**发生规律**　在山东地区一年可发生 4～5 代，以卵在树皮、剪锯口、枯枝上越冬。翌年 3 下旬月苹果萌芽时，越冬卵开始孵化，随后开始危害树体。成虫寿命 30～50 天，在苹果展叶期和幼果期危害最为严重。成虫羽化后 6～7 天产卵，10 月上旬产卵结束。

（3）**防治方法**

① 人工防控：早春刮掉苹果树干和主枝上的粗皮，铲除树下杂草与根蘖，带出园外烧毁，减少越冬虫卵。

② 药剂防控：苹果树萌芽前，结合清园喷 40％杀扑磷乳油 1 000 倍液杀死越冬卵。4 月中下旬至 5 月上旬为第 1 代若虫盛发期，药剂可选用 4.5％高效氯氰菊酯 2 000 倍液或 20％甲氰菊酯乳油 1 500～2 000 倍液。

83. 天牛类如何防治？

（1）**危害症状**　危害果树的天牛有桑天牛、星天牛、云斑天牛、梨眼天牛、苹果枝天牛。桑天牛危害时，幼虫在枝干韧皮部蛀食，排出红褐色虫粪，然后进入木质部，由上而下蛀食，受害枝干上每隔一定距离会有一排粪孔，虫害严重时可使枝条枯萎、衰弱甚至整树死亡，成虫也可啃食嫩枝皮层和芽、叶。星天牛危害时，以幼虫在树干基部木质部钻入，形成弯曲隧道，主要危害根颈及根部皮，还可蛀入主根，造成许多孔洞，甚至全部蛀空，使树体生长不良、树势衰弱，严重者引起整株枯死。云斑天牛危害时，幼虫主要侵害树干和主要侧枝，使树体水肥输导受阻、树势衰弱，严重时枝条枯萎甚至整树死亡。梨眼天牛危害时，幼虫蛀入枝条内危害木质部，蛀孔呈扁圆形，孔口树皮破裂，充满烟丝状粪便，成虫蚕食叶片，致使枝梢枯萎。苹果枝天牛危害时，孵化后幼虫蛀入木质部和髓心，被害部位有圆形排粪孔，成虫危害嫩枝，被害部位有钩状裂口。

云斑天牛

星天牛

（2）发生规律

① 桑天牛发生规律。北方地区 2～3 年发生 1 代，以幼虫在枝干孔洞内越冬，经过 2～3 年老熟，老熟幼虫在蛀道内做室化蛹，15～20 天后羽化钻出，危害树叶、嫩芽。6～8 月为成虫发生期，经过 10～15 天后即开始产卵，2 周后孵出，幼虫孵出后蛀入枝干木质部危害。

② 星天牛发生规律。以幼虫在树干内越冬，第 2 年春化蛹，6～8 月为成虫危害期，咬食细枝和幼芽。成虫产卵时，先将皮层啃成"丁"字或"人"字形口，将卵产于伤口内。幼虫孵化后先在皮层内蛀食，然后进入木质部。11 月上旬幼虫开始越冬。

③ 云斑天牛发生规律，2 年发生 1 代，以幼虫和成虫在树干道内越冬。5～6 月越冬虫从蛹室钻出，啃食新梢，6 月为产卵盛期，卵期 10～15 天。幼虫孵化后啃食树皮，受害处逐渐变黑、树皮胀裂，幼虫期 12～14 个月，第 1 年以幼虫越冬，第 2 年 8 月中旬幼虫老熟，在树干内做蛹，9 月中下旬羽化为成虫。

④ 梨眼天牛 2 年发生 1 代，幼虫在被害枝条内过冬，4 月中下旬老熟幼虫化蛹，5 月下旬开始羽化，成虫发生期为 5 月中旬至 6 月上旬，成虫产卵多在 1.5～2.5 厘米粗的枝条上，卵期 10 天左右，幼虫先在皮下危害，啃食皮层，1 个月后蛀入木质部危害。

⑤ 苹果枝天牛1年发生1代。以老熟幼虫在被害枝条内越冬，翌年4月幼虫化蛹，蛹期15～20天，5～6月出现成虫；成虫在1～2年生枝皮层内产卵，幼虫孵化后即钻入枝条髓部蛀食，枝条失水萎蔫，7～8月枝条中空，萎蔫枯死，呈枯梢症状。

（3）**防治方法** 人工防控：利用天牛成虫的假死性，在成虫期早晨或雨后摇动枝条，将其振落后集中灭杀。也可在产卵期经常检查枝干，杀破卵或刚乳化的小幼虫。

药剂防控：常用40％敌敌畏、50％辛硫磷50倍液给新排粪孔每孔注入10～15毫升后用泥封口。将生石灰、硫黄粉、水按10：1：40比例混匀，对树干进行涂白。

84. 美国白蛾如何防治？

（1）**危害症状** 4龄以前的幼虫常群集树叶上吐丝结网巢，在其内食害叶片，危害严重时，数以百计幼虫群集网内危害，短时间内可吃光植物叶片，仅剩下表皮和不完整的叶脉。4龄以后爬出网巢，分散成若干小群体，形成几个网幕。

美国白蛾

（2）**发生规律** 在北方地区1年发生2～3代。自3月下旬开始，越冬蛹开始羽化，4月中旬至5月上旬为羽化盛期；5月初至6月中旬为一代幼虫危害盛期；6月中旬至7月中旬幼虫老熟并化为蛹；6月下旬至7月下旬第1代成虫出现，成虫期可延续到7月下旬；7月中旬至8月中下旬第2代幼虫发生，为危害盛期；7月下旬至8月下旬为二代蛹期；第2代成虫发生在8月中旬至9月上旬为第2代成虫羽化期；第3代幼虫从9月上旬开始危害，直至10月上旬开始陆续化蛹越冬。

（3）**防治方法** 人工防控：利用性诱剂、黑光灯等诱杀成虫，利用周氏啮小蜂等天敌防治美国白蛾。

化学防控：根据虫龄喷施生物农药 Bt 乳剂 800～1 000 倍液，或选择喷施 4.5％高效氯氰菊酯＋甲维盐加水稀释 1 000 倍液、20％氰戊菊酯乳油 1 500～2 000 倍液。

85. 苹果腐烂病如何防治？

（1）危害症状　主要危害果树主干、主枝，小枝、幼树及果实也可被害。腐烂病的主要危害表现有溃疡型、枝枯型和果实表面溃病型 3 种类型。①溃疡型。主要表现在主干和较大的主枝上，发病初期病斑呈红褐色，微隆起，皮层组织

苹果腐烂病病斑

松软，可流出褐色汁液，有强烈的酒糟气味。后期病斑失水干缩、下陷，变为黑褐色，酒糟味变淡，表面产生许多小黑点。②枝枯型。多发生在 2～5 年生小树及较细的枝条上，病斑形状不规则，扩展快，造成枝条枯死。③果实表面溃病。危害果实，病斑红褐色，呈圆形或不规则形，常有同心轮纹，病组织软烂，有酒糟味。

（2）发生规律　以菌丝、分生孢子器和子囊壳在病皮内和病残株枝干上越冬。春季和秋季为发病高峰期。春季遇雨萌发孢子，随风雨扩散。之后从各种伤口、皮孔、果柄痕及叶痕侵入树体。发病初期病菌在树皮表层扩散，当果树进入休眠期后逐渐向内层发展。

（3）防治方法　人工防控：加强管理，增强树势，提高抗病能力。加强肥水管理，增施有机肥，合理负载，平衡树势生长；早春时刮除主干、大枝基部的粗皮和病斑组织，修剪时尽量少造成伤口，并对伤口加以处理和保护。

化学防控：冬前和早春树干涂白；刮除病斑后可涂抹腐必清乳剂 3～5 倍液、38％噁霜嘧铜菌酯水剂 600～800 倍液等。

86. 苹果轮纹病如何防治?

（1）危害症状 主要危害苹果枝条和果实。①果实受害时，以皮孔为中心，形成水渍状褐色斑点，逐渐扩大形成深浅相间的同心轮纹。条件适宜时，几天便使果实全部腐烂并发出酸臭味。②枝干受害时，以皮孔为中心，出现红褐色的病斑，呈扁圆形或椭圆形，直径3～20毫米，中心突起，质地坚硬。次年病斑向周围扩大，

枝干上的轮纹病

扩大的病斑凹陷后和健全部位交界处产生龟裂，生长出许多小黑点，即病原菌分生孢子器。此病发生后严重削弱树势，甚至导致枝干死亡。

（2）发生规律 病菌以菌丝体、分生孢子器和子囊壳主要在被害枝上越冬。第2年春季通过菌丝直接侵染或通过雨后产生分生孢子，由皮孔入侵，侵染果实或枝干。侵染高峰在7月上中旬和8月下旬至9月上旬，病菌经过一段时间潜伏，8月下旬至9月下旬进入发病盛期。

（3）防治方法 人工防控：加强栽培管理，提高树体抗侵染能力。发现病株及时铲除，刮下的被侵染的树皮和剪下的病树枝集中销毁。

药剂防控：喷施40%多锰锌可湿性粉剂600～800倍液或70%甲基硫菌灵可湿性粉剂800倍液、70%代森锰锌可湿性粉剂500倍液等，注意药剂交替使用。

87. 苹果炭疽病如何防治?

（1）危害症状 主要危害果实，发病初期，果面出现淡褐色圆形小斑点，边缘清晰，之后迅速扩大，果肉变褐软腐，成漏斗状向

果实内部腐烂凹陷。当病斑扩大到直径约2厘米时，从中心开始，出现黑色突起的小点粒，呈同心轮纹状排列，当天气潮湿时溢出粉红色黏液，即病菌的分生孢子盘和分生孢子。果实临近成熟时病斑迅速扩大，有时一个病果上发生数十个病斑，个别病斑可扩大到占果面的1/3～1/2。病菌还会发生在病虫枝或细弱枝，起初

果实上炭疽病

为不规则形褐色病斑，后期溃烂龟裂，严重时病部以上枝条枯死。

（2）发生规律 病菌以菌丝状态在僵果和病枝内越冬，翌年5月中下旬温度在25～30 ℃时产生分生孢子，借助雨水、昆虫传播进行侵染。7～8月高温多雨季节进入发病盛期，每次雨后出现1次发病高峰，生长季节可产生4～5代分生孢子。苹果炭疽病侵染具潜伏侵染特征，有时可达40～50天，在储藏期仍可出现病斑。

（3）防治方法 人工防控：冬季或早春清除病僵果、病枯枝、死果台，并刮除病树皮，减少侵染源。合理修剪、增施有机肥，及时排水。改善通风透光条件。

药剂防控：发芽前可喷施5波美度的石硫合剂，从5月苹果进入幼果期开始可使用波尔多液、50％多菌灵可湿性粉剂500～600倍液，50％退菌特可湿性粉剂600～800倍液、75％百菌清可湿性粉剂800倍液等进行防治。

88. 苹果苦痘病如何防治？

（1）危害症状 在果实近成熟期和储藏期发生，病斑多发生在近果顶处。发病初期果皮下的果肉发生病变，而后果皮出现以皮孔为中心的颜色较深的略有凹陷的圆形斑点，在绿色或黄色品种上为

深绿色，在红色品种上为暗红色。后期病斑部位果肉坏死，表现出凹陷的褐斑，有苦味。

（2）**发生规律**　苦痘病是由于果实缺钙引起的生理病害。果园土壤有机质含量高，碳氮比高，发病轻；土壤铵态氮含量高、沙地、低洼地，发病重。幼树发病重，成龄树，长势弱树发病轻。果实生长期降雨量大，浇水过多，偏施、多施氮肥，特别是生长后期偏施氮肥，会加重病情。

（3）**防治方法**　人工防控：加强肥水管理，增施有机肥，避免偏施、晚施氮肥，保持树势均衡发育，合理修剪，及时排灌。

药剂防控：谢花后 2～3 周喷施钙肥，之后每隔半月喷洒 1 次直到采收，对苦痘病有良好的防治效果，可使用 0.4%～0.5% 的硝酸钙或氯化钙液、300～400 倍氨基酸钙液。

89. 苹果霉心病如何防治？

（1）**危害症状**　只危害果实，症状表现为两种类型：①心室霉变。果心出现粉红色、绿色，黑褐色等霉状物，发霉严重时种子腐烂，但心室以外的果肉保持完好，外观不易区分。②果心腐烂。在环境条件适合病害发展时，病变向心室外扩展，引起果心周围果肉腐烂。储藏期的病果会出现褐色

苹果霉心病

水渍状病斑，形状不规则，后期连成一片，全果腐烂，果肉苦。

（2）**发生规律**　病菌可在病僵果、果台等处越冬。苹果开花后，孢子经心室与萼筒间的开口侵入，向果心蔓延，花期与幼果期侵染率较高，尤其是萼筒长、开口大，与心室相通的品种，感病较重。

（3）**防治方法**　人工防控：及时摘除病果，冬季将病僵果、干

枯果台等集中销毁。储藏期间，将温度降至 0 ℃，或维持在 10 ℃以下，配合采用低氧（2%～3%）气调措施，减少储藏期果心腐烂。

药剂防控：发芽前喷施 5 波美度的石硫合剂，花前、花后及幼果期隔半月喷药防治 1 次，可选药剂有 10%多氧霉素可湿性粉剂 1 200～1 500 倍液、70%甲基硫菌灵可湿性粉剂 1 000 倍液、50% 退菌特可湿性粉剂 600～800 倍液、50%异菌脲可湿性粉剂 1 500 倍液。

90. 苹果锈果病如何防治？

（1）**危害症状**　苹果锈果病又称花脸病，主要表现在果实上，某些品种的幼苗、枝叶上也有危害症状。果实症状大致分为 3 种类型：①锈果型。在落花后 1 个月左右，先从果顶部出现淡绿色水渍状斑块，沿果面纵向扩展发展成较为规则的 5 条纵纹，与心室顶部相

果实锈病

对，纵纹的长短因病势轻重而异，长者可达梗洼处。以后随果实成长，病斑逐渐为茶褐色的木栓化锈斑，严重时果皮在锈斑处开裂，形成凹凸不平的畸形果。②花脸型。果实在着色前无明显变化，着色后果面散生很多近圆形黄绿色斑块，成熟后斑块处不变红，表现为红绿相间的花脸状。病果成熟时不着色部分稍凹陷，着色部分略突起，果面略呈凹凸不平状。③复合型。病果着色前多于果顶部出现锈斑，或在果面零星散布锈斑。着色后在未发生锈斑的部分或锈斑周围，发生不着色的斑块，果面红绿相间，形成既有锈斑又有花脸的复合症状。

（2）**发生规律**　致病原为类病毒，主要通过把带病的接穗或砧木进行嫁接，使病害得到了传播，同时也可以借助携带病原物的剪、锯等修剪工具在病树与健康树交叉使用等途径进行传播。苹果

锈果病嫁接接种的潜育期为3~27个月。潜育期的长短主要与嫁接接种的时期和试验材料大小有关。从田间发病情况，可看到2种类型：短则当年即显症状，新梢出现明显的弯叶及锈皮等症状，果实呈畸形，病势严重。此种病树在果园中的分布零星分散，多为使用携带病原物的苗木、接穗等所致；长则数年乃至数十年后显现症状，病果零星散生，数量较少，症状较轻。

（3）防治方法　①选用无病毒接穗和砧木。选用苗木及接穗前，须经病毒的严格检验，确认无病毒后方可使用。②拔除病苗。及时检查，清除病树。在苗木生长期间，随时注意检查园区，发现病树及时清除。③避免与梨树混栽。梨树可携带锈果病的病原物，栽植苹果时应适当远离梨树，以免互相传染。

91. 苹果黑点病如何防治？

（1）危害症状　苹果黑点病主要危害果实、枝条和叶片。果实受害时，首先在萼洼出现深褐色或黑色的病斑，小的如针尖大小，大的如绿豆大小，病斑只发生在表皮，果肉无腐烂，略有苦味。

（2）发生规律　病菌在受害果及病落叶上越冬。翌春侵染枝叶和果实。侵染盛期在落花后10~30天，病斑在7月初开始出现。缺钙、缺硼也会引起黑点病。

（3）防治方法　人工防控：冬天要清除果园内的杂草、落叶、病枝、落果，刮除病斑，将杂物集中销毁。

药剂防控：发芽喷施40%福美砷100倍液或3~5波美度石硫合剂，发芽后施用硝酸钙补充钙预防。

92. 苹果早期落叶病如何防治？

（1）危害症状　主要危害树体，可以引起早期落叶，削弱树势，甚至使越冬芽萌发和造成二次开花。危害症状主要包括褐斑病、灰斑病、轮斑病、斑点落叶病等。①褐斑病。其症状又分为同心轮纹型、针芒型和混合型。同心轮纹型的病斑先在叶片出现黄褐色斑点，后期扩大成近圆形，病斑呈褐色，周围有绿色晕圈，病斑正面散生许多轮纹状排列小黑点；针芒型的病斑较小，呈深褐色，形状不规则，针芒状向外扩展；混合型的则在叶片上同时出现以上2种症状。②灰斑病。病斑呈圆形或不规则形，初期黄褐色，后期变为灰白色或褐色，易黄化焦枯，病斑上散生许多小黑点。③轮斑病。病斑较大，圆或半圆形，暗褐色，有明显轮纹，在潮湿条件下，病斑背面可产生黑色霉状物。④圆斑病。病斑圆形，直径3~4毫米，褐色，中部有1道紫褐色环纹，内有1个小黑点，严重时，可使叶片焦枯卷缩。⑤斑点落叶病。危害叶片、枝条和果实。叶片发病初期表现为褐色圆点，逐渐扩大为红褐色，边缘紫褐色，病部中央有1深色小点或同心轮纹。枝条染病，多发生在一年生枝和徒长枝上，产生灰褐色病斑，稍凹陷，边缘常有裂缝。果实受害在果面产生褐色斑点，周围有红晕，后期变为褐色斑点，一般局限在果实的表皮。

（2）**发生规律** 几种落叶病病菌主要是在带病落叶中越冬，除褐斑病外的其他几种还可在病枝上越冬。翌年4~5月，在高湿条件下，产生大量孢子，借助风雨传播。一般在5~6月开始发生，7~8月多雨季节是落叶病的发病盛期，病害严重年份8月中旬开始大量落叶。降雨和多雾造成的湿度高或降雨早而多的年份，发病早而重。

（3）**防治方法** 人工防控：清除树上、地面的病叶、病枝，并集中烧毁或深埋；增加强肥水管理，合理修剪，加强树势。

药剂防控：萌芽前全园喷1次5波美度的石硫合剂，在春季谢花后10天开始第1次施药，以后间隔15~20天喷施1次。可选用的药剂有选用80%多菌灵可湿性粉剂800~1 000倍液、70%代森锰锌可湿性粉剂600~800倍液、70%甲基硫菌灵可湿性粉剂800倍液、43%戊唑醇3 000倍液、40%福星乳油8 000~10 000倍液等。应注意各种药剂交替轮换使用，以防产生抗药性。

93. 苹果白粉病如何防治？

（1）**危害症状** 主要危害叶片、嫩梢、花及幼果。叶片被害后，出现灰白色斑块，发病严重时叶片萎缩、卷曲，之后变褐、枯死，后期病斑上出密集的小黑点，阻碍光合作用。危害嫩芽时，芽外形瘦瘪，顶端尖细，呈灰褐或暗褐色，鳞片松散，有的病芽鳞片不能合拢。发芽较晚或不能萌发而枯死。花芽被害时花梗和萼片变形、花瓣狭长，后期枯萎，无

苹果白粉病

法坐果。幼果被害，在果顶产生病斑并分布白粉，后形成锈斑。

（2）发生规律 病菌以休眠菌丝在芽的鳞片间或鳞片内越冬。顶芽的带菌率高于侧芽，第 4 侧芽以下的芽基本不带菌。短果枝、中果枝及发育枝顶芽的带菌率依次递减，秋梢的带菌率高于春梢。翌年春季，越冬菌丝产生分生孢子，依靠空气传播，侵入新梢。4～9 月为侵染期，5～6 月温湿度适于分生孢子萌发侵入和菌丝生长为侵染盛期。

（3）防治方法 人工防控：冬剪时清除病芽，减少越冬菌源。早春及时清除显现症状的花蕾及枝叶，防止传播。

药剂防控：开花前、落花后各喷施 1 次 0.3～0.5 波美度石硫合剂，后期根据病情发展情况可选用 15% 三唑酮可湿性粉剂 1 000～1 500 倍液、70% 甲基硫菌灵可湿性粉剂 1 000～1 500 倍液等。

94. 苹果根腐病如何防治？

（1）危害症状 又称烂根病，是苹果根部受到侵害后，植株表现出新梢生长差，叶片小且发黄，后期枝叶枯萎，最后全株死亡。引起根腐病的因素很多，但主要有 2 种，一是生理性烂根，由于水涝、冻害、肥料未腐熟或施肥后未及时浇水等引起。二是病菌侵染产生的寄生性烂根。其中常见的有白绢病、紫纹羽病和白纹羽病。

①白绢病。初期在距地面5～10厘米的根颈部出现白色病斑，围绕根颈部蔓延扩展，受害部表面生长出白色绢丝状的霉层，有霉臭味，后期病部形成菜籽大小的菌核。②紫纹羽病。根部受害从小根开始，病部表面缠绕紫红色丝状菌索，逐渐扩展到侧根和骨干根，最后整个根部腐烂。发展后期病斑表面着生1～2毫米大小的暗褐色半球形菌核。③白纹羽病。发展状况与紫纹羽病相似，均从细根开始。表面形成灰白色丝状物，后期根皮层如鞘状套于木质部。

（2）发生规律　①白绢病菌以菌丝或菌核越冬，通过苗木、流水及菌丝传播。4～10月为侵染期，7～9月为发病盛期，多危害幼树，可导致幼树在夏季突然性死亡。②紫纹羽病和白纹羽病均以菌丝、根状菌索或菌核形态在土壤中越冬。整个生长期均可发病，6～8月为发病盛期。

（3）防治方法　人工防控：增施有机肥，深翻改土，改善土壤结构；栽植时严格检查苗木根系，避免病菌带入；做好果园排涝工作。

药剂防控：可使用80％五氯酚钠原粉150～200克/株、硫酸铜200～500倍液50～70千克/株，1波美度石硫合剂50～75千克/株，25％纹枯利可湿性粉200克/株等药剂灌根。

95. 苹果干腐病如何防治？

（1）危害症状　干腐病主要侵害枝干。危害幼树时，首先在嫁接口或砧木剪口附近形成红褐色或黑褐色病斑，然后沿枝干向上扩展，严重时可导致幼树枯死。表现在大树上，在枝干嫁接部位或伤口处附近，树皮出现暗褐或黑褐色圆形或不规则病斑，表面湿润，可溢出茶褐色黏液，后期病部失水，凹陷皱缩，边缘有裂缝，产生许多小黑点，略有凸起。

（2）发生规律　病菌以菌丝、分生孢子器和子囊壳在病部越冬。春季产生分生孢子，或子囊孢子，从伤口、枯芽、皮孔等处侵入。在华北地区，从5月至10月下旬均可发病，降水少、空气湿度较低时易发病，反之则发病较少，故 6 月为发病盛期，7 月上旬至 8 月中上旬发病较少，9~10 月又再次发展。低洼易涝、春旱、弱树老树等均易导致干腐病发生。

(3) 防治方法 人工防控：加强栽培管理，增施有机肥，控制树势，合理负载；旱季灌溉，雨季防涝；冬春季节应检查园区，及时将病枝、病果清除，刮除病斑。

药剂防控：春季发芽前喷施 5 波美度的石硫合剂，刮除病部组织后涂福美砷 50~100 倍液或 10 波美度石硫合剂。

96. 苹果日灼病如何防治？

(1) 危害症状 主要危害果实，枝干也可染病，向阳面受害重。病果初期果皮呈黄白色、绿色或浅绿色（红色果），进而变褐色坏死。日灼病仅会发生在果实表皮，病斑一般呈圆形，平或略有凹陷，不会危害果肉。枝干染病时，向阳面呈不规则焦斑块，易受病菌侵染，引起腐烂病。

(2) 发生原因 日灼病是一种生理性病害，由于夏季阳光直接照射果面或树干，局部蒸腾作用加剧、温度升高而灼伤。幼果及秋季刚脱袋的果实易出现日灼病。枝干发病主要是冬季白天阳光直射主干，向阳面温度升高，夜间气温下降枝干细胞冻结，如此反复，造成皮层细胞坏死，引起日灼病。

(3) 防治方法 合理修剪，在果实附近适当增加留叶量，防止阳光直射果实。根据天气及土壤墒情及时灌水，保证树体水分的需要，增强果实抗逆能力。树干涂白，减少向阳面射入，降低向阳面温度。

97. 苹果裂果如何防治？

(1) 危害症状 主要危害果实，在果实表面产生裂缝或裂纹，从果实侧面、梗洼出果肩处等横向或纵向延伸，形状不规则，深浅不同。

(2) 发生原因 由于水分供应不均匀，干湿变化剧烈引起，果实膨大期长时间缺水，果实细胞间隙减小，细胞密度增大，若此时遇到大量雨水，使果肉细胞快速膨大，果实表皮胀裂而出现裂果。

（3）**防治方法** 加强水分管理，在天气干旱时及时浇水，保持果树水分供应平衡。增施有机肥，控制氮肥使用，补充钙、硼等元素。栽植不易裂果的品种。

98. 苹果缺氮的症状及防治措施有哪些？

（1）**症状表现** 叶片小而薄、色淡，叶柄和叶脉逐渐失绿，并不断向叶片顶端发展，新梢长势弱，花芽形成少，果实果个小易早熟脱落，大小年结果现象严重，须根多，大根少，新根发黄。严重缺氮时，嫩梢木质化后呈淡红褐色，叶柄、叶脉变红，严重者甚至造成生理落果。

（2）**防治方法** 在秋施基肥或春季开花前施入足量的氮肥，常用氮肥有铵盐和硝酸盐，在果树生长旺季及雨季，树体对氮素需求量较大，雨水淋溶效果较大，氮素易流失可及时追施尿素、硝酸铵等氮肥，也可用 0.5%～0.8% 尿素溶液喷施叶片作为快速补充的辅助手段。

99. 苹果缺磷的症状及防治措施有哪些？

（1）**症状表现** 在疏松的沙土和有机质多的土壤上，常易发生缺磷现象。另当土壤含钙量多或酸度较高时，磷被固定在土壤中，根系无法吸收，造成果树缺磷。缺磷时叶片呈暗绿色或青铜色，近叶缘的叶面上呈现红色或紫色的斑块，新梢细弱且分枝少，新梢叶呈紫红色。严重缺磷时，老叶变为黄绿色和深绿色相间的花叶状，还可引起早期落叶，花芽分化不良等症状。

（2）**防治方法** 基肥中使用有机肥和含磷的无机或复合肥。生长期在叶片喷施 0.5%～1.0% 过磷酸钙水溶液或 0.2%～0.3% 磷酸二氢钾水溶液，可有效地防治苹果树缺磷的现象。

100. 苹果缺钾的症状及防治措施有哪些?

(1) 症状表现 苹果树缺钾时,根和新梢加粗,新枝细弱。基部叶和中部叶的叶缘及叶尖失绿而呈棕黄色,之后很快呈黄褐色或紫褐色枯焦。缺钾严重时,叶片从边缘向内焦枯,最后整个叶片枯死且不易脱落,挂在枝上。

(2) 防治方法 秋季施用充足的有机肥作为基肥,在6~7月追施氯化钾、磷酸二氢钾、硫酸钾等钾肥,还可用在叶面喷施0.2%~0.3%磷酸二氢钾水溶液或0.2%硫酸钾或氯化钾,作为应急补充树体中钾元素。

101. 苹果缺铁的症状及防治措施有哪些?

(1) 症状表现 缺铁俗称"黄叶病"。主要表现在新梢和幼嫩叶片逐渐变黄,先呈黄绿色,后变为黄白色,而叶脉仍为绿色,表现出绿色网状。严重时,叶脉也变成黄色,从边缘开始出现褐色枯斑,甚至干枯死亡。枝梢顶端枯死,影响苹果的生长和发育。盐碱地及土壤黏重、通透性较差的园区易出现缺铁症。

(2) 防治方法 增施有机肥改良土壤,做好园区排涝。对发病严重的可在发芽前喷0.3%~0.5%硫酸亚铁溶液,或向树干注射0.10%~0.15%的硫酸亚铁溶液,有较好的防治效果。也可在冬季结合深翻或在围绕树干挖放射状沟,施入硫酸亚铁、柠檬酸铁。

102. 苹果缺镁的症状及防治措施有哪些?

(1) 症状表现 缺镁枝梢基部老叶叶缘或叶脉失绿,变为黄褐色并扩散到整片叶,新梢下部叶片上失绿变黄,并逐渐脱落。新梢嫩枝细长,果个小,着色差。沙土及酸性土壤中镁易流失,常引起缺镁症。

(2) 防治方法 结合基肥施入硫酸镁或碳酸镁,改良土壤,减少镁元素流失。6~7月叶面喷施3~4遍2%~3%硫酸镁溶液。

103. 苹果缺硼的症状及防治措施有哪些？

（1）症状表现 苹果缺硼时顶端生长点停止发育，枝梢生长停滞，叶片变黄卷曲，严重缺硼时，叶片中脉或叶柄处易折断，弱枝及生长点枯死。还会使花器官发育不良，受精不良，落花落果严重，表现在果实上时，果皮木栓化，果实扭曲变形，即缩果病。

（2）防治方法 土壤瘠薄，过干、盐碱或过酸，可导致植物吸收硼困难造成缺硼。对于缺硼果树，应合理施肥，增施有机肥，适时浇水，可在秋季结合施基肥，施入硼砂，每亩 0.5～3.0 千克。也可在开花前、盛花期、落花后各喷 1 次 0.2%～0.3% 的硼砂。

104. 苹果缺锰的症状及防治措施有哪些？

（1）症状表现 果树缺锰，从新梢中部开始，叶片从边缘开始失绿，逐渐扩大到主脉，在中脉和主脉处出现宽度不等的绿边，严重时除叶片顶端为绿色剩余部分全部黄化。

（2）防治方法 加强果园管理，增施有机肥，实施配方施肥技术，进行土壤改良。可结合秋施有机肥时施入氧化锰、氯化锰和硫酸锰等直接补充土壤中锰元素，一般亩施氧化锰 0.5～1.5 千克，氯化锰或硫酸锰 2～5 千克。也可 5～7 月叶面喷施 0.2%～0.3% 硫酸锰溶液，每隔 20 天喷 1 次，共喷 3～4 次。

105. 苹果缺钙的症状及防治措施有哪些？

（1）症状表现 苹果缺钙地下部新根根尖停止生长或枯死，根系短而粗，尖端枯死后近尖处生出许多新根，形成粗短且多分枝的根群。严重缺钙时，幼叶变成棕褐色或绿褐色的焦枯状，有时叶尖和焦边向下卷曲，果实发生苦痘病，果面形成圆形、稍凹陷的绿色斑点。土壤干燥，后期大量浇水或施用氮、磷肥较多可阻碍根系对钙的吸收，土壤酸度较高时，钙很快流失也可导致果树缺钙。

（2）**防治方法**　增施有机肥，适时适量施用氮肥，保持适应的水分供应。生长季节叶面喷施 0.3％～0.5％氯化钙或 0.5％～1.5％硝酸钙水溶液，喷施 3～4 次。

106. 苹果缺锌的症状及防治措施有哪些？

（1）**症状表现**　苹果缺锌主要表现在新梢和叶上，叶片狭小细长，叶缘向上，叶呈黄绿色簇生，俗称"小叶病"。严重缺锌时，新梢中下部叶的叶尖和叶缘变褐并逐渐焦枯，自下而上早落。花芽减少且不易坐果，果实小而畸形。幼树缺锌，根系发育不良，老树则有根系腐烂现象。

（2）**防治方法**　结合施基肥时，可在树下挖放射沟，每株大树施入 0.5～1.0 千克的硫酸锌。发芽前半个月，全树喷 2％～3％硫酸锌溶液，展叶期喷 0.2％～0.3％的硫酸锌溶液，重病树连续喷 2～3 年，防治效果较好。

107. 苹果缺铜的症状及防治措施有哪些？

（1）**症状表现**　新梢顶端叶尖失绿变黄，甚至脉间呈白色，叶畸形，叶片不平整似灼烧状，有褐色坏死区域，严重时叶片脱落，枝条枯死，果小、易开裂脱落。缺铜易感染白粉病和角斑病。

（2）**防治方法**　结合施基肥时施入硫酸铜，按每公顷 15.0～22.5 千克施入，生长季节叶面喷施 0.01％硫酸铜溶液，每年使用波尔多液 1～2 次，既能防病，又能补充铜元素。

108. 苹果病毒病主要有哪些？

苹果已确定的病毒病有 6 种，分别是苹果花叶病毒病、苹果锈果类病毒病、苹果绿皱果病毒病、苹果茎痘病毒病、苹果茎沟病毒病和苹果褪绿叶斑病毒病。前 3 种有明显症状，容易识别，称非潜隐性病毒；后 3 种不表现症状，对生长结果无明显影响，但树势衰弱，果实成熟晚，个头小，产量低，品质劣。

（1）**苹果花叶病毒病** ①花叶型。叶片出现深绿、浅绿相间的病斑，病斑不规则，边缘不清晰。②斑驳型。从小叶脉开始发病，形状不规则的病斑，呈鲜黄色，边缘清晰。③条斑型。叶片上产生黄色线状斑纹，可变成较宽的条纹。也有的在叶脉部分失绿，成网纹状。④环斑型。叶上出现鲜黄色的环或近环状的斑纹。⑤镶边型。叶片边缘黄化，形成黄色镶边状变色带。

（2）**苹果锈果类病毒病** ①锈果型。初期在果面出现5条浅绿色水渍状病斑，与心室相对，随后扩散形成木栓化褐色条纹状病。②花脸型。果实着色后表面散生黄白色斑块，成熟后呈红绿相间的"花脸"状，病斑部略有凹陷。③复合型。果面上既出现锈斑，又出现花脸的复合症状。

（3）**苹果绿皱果病毒病** ①斑痕型。果面发生深绿色斑痕，斑痕中间木栓化。②凹陷型。病果局部发育受阻或加快，使果面出现凹陷条沟或丘状凸起，病变部分木栓化。③畸形果型。初期果面出现形状不规则的水渍状凹陷斑块，后期果实逐渐畸形，表面凹凸不平，产生铁锈，木栓化。

109. 苹果病毒病如何防治？

（1）**严格检疫** 检疫部门应确定疫区，严禁从疫区调出繁殖材料，苗木栽植前进行病毒检测，严禁使用带毒苗木。

（2）**果园发现病株坚决刨除** 对发现的花叶病和锈果病株，在树干涂上标记，秋后刨除，并将其清出果园。

（3）**工具消毒** 在有病株的果园使用的工具使用酒精浸泡消毒，不在健株用。

（4）**加强管理** 远离梨园，不要将苹果、梨进行混栽；加强果园管理，增施有机肥，合理负载，加强树势。

110. 什么是生物农药？

生物农药是指利用生物活体或其代谢产物针对农业有害生物进

行杀灭或抑制的制剂。非化学合成，来自天然的化学物质或生命体，具有杀菌农药和杀虫农药的作用。

生物农药一般是天然化合物或遗传基因修饰剂，主要包括生物化学农药和微生物农药2个部分，农用抗生素制剂不包括在内。我国生物农药按照其成分和来源可分为微生物活体农药、微生物代谢产物农药、植物源农药、动物源农药4个部分。

常用生物农药种类有 Bt 生物杀虫剂和抗生素类杀虫杀菌剂、昆虫病毒类杀虫剂和植物源杀虫剂。

（2）生物农药的优点　生物农药的毒性通常比传统农药低；选择性强，一般只对目的病虫和与其紧密相关的少数有机体起作用。而对人类、鸟类、其他昆虫和哺乳动物无害；低残留、高效。很少量的生物农药即能发挥高效能作用。而且它迅速分解，对环境污染小；不易产生抗药性。

111. 植物生长调节剂在果树上的作用是什么？

植物生长调节剂，是人工合成的（或从微生物中提取的天然的），具有与天然植物激素相似生长发育调节作用的有机化合物。植物生长调节剂通常被分为五大类型：生长素类、赤霉素类、细胞分裂素类、乙烯、脱落酸类。其功能如下。

（1）生长素类　生长素可以促进果树扦插生根，促进果实发育，防止落花落果等作用。常用的生长调节剂有吲哚乙酸（IAA）、吲哚丙酸（IPA）、萘乙酸（NAA）及2，4-二氯苯氧乙酸（2，4-D）等。

（2）赤霉素类　诱导单性结实、提高坐果率、改善果实品质、防止落花落果、促进果实早熟、延迟花期、增加果品储藏能力和打破休眠的调控作用。常用的生长调节剂有 GA_4、GA_7 等，抑制剂类有多效唑等。

（3）细胞分裂素类　促进花芽分化、增加花芽量、解除顶端优势、促进分枝、提高坐果率、防止花果及叶的衰老与脱落。常用的生长调节剂有玉米素（ZT）、激动素（KT）、腺嘌吟（6 - BA）。

（4）乙烯　有"成熟激素"之称。可以抑制生长，诱导成花，促进早花早果，用于果树疏花疏果，促进果实成熟等作用。生产中常用的是乙烯、乙烯利。

（5）脱落酸类　可增加分枝、促进花芽形成、提高坐果和促进休眠、增加果树抗性等。常用的生长调节剂有 ABA 等。

112. 国家禁止（停止）使用的农药有哪些？

（1）禁止（停止）使用的农药（共 46 种）　六六六、滴滴涕、毒杀芬、二溴氯丙烷、杀虫脒、二溴乙烷、除草醚、艾氏剂、狄氏剂、汞制剂、砷类、铅类、敌枯双、氟乙酰胺、甘氟、毒鼠强、氟乙酸钠、毒鼠硅、甲胺磷、对硫磷、甲基对硫磷、久效磷、磷胺、苯线磷、地虫硫磷、甲基硫环磷、磷化钙、磷化镁、磷化锌、硫线磷、蝇毒磷、治螟磷、特丁硫磷、氯磺隆、胺苯磺隆、甲磺隆、福美胂、福美甲胂、三氯杀螨醇、林丹、硫丹、溴甲烷、氟虫胺、杀扑磷、百草枯、2，4 -滴丁酯。

（2）部分农作物禁止使用的农药（共 19 种）　瓜果上禁止使用的农药有甲拌磷、甲基异柳磷、克百威、水胺硫磷、氧乐果、灭多威、涕灭威、灭线磷、内吸磷、硫环磷、氯唑磷、乙酰甲胺磷、丁硫克百威、乐果。

113. 怎样合理使用杀菌剂？

（1）预防为主，根据病原菌害的发生周期和流行规律，确定防治期，提前使用药物进行防治。根据所用药剂分属保护剂、内吸剂、治疗剂的种类，来决定用药时间与次数。

（2）防止病菌抗药性，不能连续使用同一种杀菌剂，也不能一个生长期连续多次用同一类杀菌剂，对内吸性杀菌剂应限制使用次数，轮换使用其他不同作用机制的杀菌剂。

（3）选择药剂要具有针对性，重视一些常用保护性杀菌剂的使用，不要刻意追求高效、内吸、广谱杀菌剂。

114. 怎样合理使用杀虫剂?

科学用药,对于一种虫的防治药剂有多种,应从经济、有效和供应方便等方面选择合适药剂择。要根据说明书配置合适的浓度,配制农药要经过计算,使用准确的称量工具,不要擅自随便调整浓度,浓度高了会发生药害,浓度低了无法有效防治害虫。不同的虫害的危害位置不同,喷药时要重点喷施,危害果实病虫害,喷药要集中到果实上,危害叶部病虫要把药喷到叶片上,要注意喷到叶背面。喷药时均匀周到,先喷上部后喷下部,先内膛后外围。

第七章 苹果采后储藏及加工技术

115. 苹果采收期如何确定？

生产上苹果适宜的采收期要根据不同品种生物学习性、生长状态、气候以及栽培管理等因素综合考虑，同时还要顾及储藏、运输和加工的时间等方面。苹果果实适宜采收期的判断依据有以下几点。

（1）**果实发育期** 某一品种在一定的栽培条件下，从谢花后到果实成熟有大致的天数，即果实发育期。根据其果实发育期即可大致判断其成熟度，从而进行采收。

（2）**颜色** 大多数果实从幼果到成熟果的发育过程中，果皮底色都是由深绿色变为红色或黄色，果皮底色呈现本品种特有颜色，种子的颜色由乳白色变为褐色或黄褐色。

（3）**果柄** 果实成熟时，果柄基部与果枝间会形成离层，稍受外力时果实即可脱离。

（4）**果实硬度** 随着果实的成熟，去皮硬度会逐渐下降，成熟时硬度会达到一个较为稳定的值。

（5）**淀粉指数** 果实成熟过程中淀粉逐渐转化为糖类，根据淀粉遇碘变蓝的特点，在切面滴入碘化钾试剂，越临近成熟，显现的蓝色越浅，根据颜色变化判断成熟度。

116. 苹果采收如何进行？

采收前准备好采果钳、采收袋、三角梯等采收工具，对采收人员进行培训，规范采收操作。采收宜选择在晴天进行，6：00—10：00和15：00—18：00较好，可以有效降低呼吸强度。在雨天进行时，采后应待其干燥后在进行储藏。采收时，采收人员必须剪短指甲或戴上手套，树下应铺一塑料薄膜，用采果钳剪断果柄，放入箱或筐内，盛放果实的箱子或筐应用棉布等柔软物做内衬，轻拿轻放，避免机械损伤。部分果皮较薄、容易发生刺伤的品种应将果柄适当剪短。采收应依据先外后内、先下后上的原则，优先采摘树冠外围和下部的果，后采内膛和上部的果，逐枝采摘。

果实采收应进行分批次采收，分2～3次采收完成。第1次先采外围着色较好，果个较大的果实；间隔7～10天后进行第2次采收，要求同第1次；如有剩余可再间隔7～10天采摘，此次应将果实全部采摘。

117. 苹果采后商品化处理的流程有哪些?

（1）挑选　挑选是苹果采后处理第1个环节。挑选筛除采摘的有机械损伤、病虫危害、果实畸形等不符合要求的苹果，以便进行后期处理。

（2）分级　根据苹果的大小、重量、着色、有无伤残等指标将采收的果实分成若干等级，国内果实大小分级一般通过人工方式利用分级板，将苹果分为70毫米、75毫米和80毫米毫米等不同规格。分级后果实规格一致，整齐度高，商品性较强，有利于储藏及销售，提高销售价格。

（3）清洗打蜡　清洗是清除果品表面污物，减少病菌和农药残留，增加果面光洁及卫生，使之符合食品和商品基本卫生要求。目前生产上有浸泡式、冲洗式、喷淋式等清洗方式。

打蜡是在果实表面喷涂一层薄而均匀的果蜡，一般在清洗之后进行，可以抑制呼吸作用，减少营养消耗和水分蒸发，保持鲜度，抵御致病微生物侵袭。同时增加了果面色泽，提高了商品价值。

（4）包装　包装可以保护果实，减少果品碰撞挤压造成的机械损伤，便于运输、储藏和销售提高商品价值。适宜的包装可以减少病虫害的蔓延，降低果品呼吸代谢，减少水分散失，保持品质。

118. 苹果储藏保鲜方法有哪些?

苹果属于呼吸跃变型果实，采后具有明显的后熟过程，果实内

的淀粉会逐渐转化成糖，酸度降低，色泽、风味和香气等特质充分展现。因此，采用适当的储藏方式对采后苹果进行储存，不但可以使果品品种特性充分显现，还能延长供货期，获得较好的经济效益。

（1）**简易储藏**　苹果采收后，通过埋藏、堆藏、窖藏等方式进行储藏。这种储藏方式简便易操作，成本低。根据外部自然条件的变化，调节果品的储藏温度，可利用通风口，早晚进行通风降温，利用草帘、棉被、秸秆等进行覆盖保温，使果品保持在一个相对稳定的温度条件下。但总体受外界环境影响较大，储藏温度不能有效控制。

（2）**通风库储藏**　该种储藏方式是在具有良好通风设备和隔热层的建筑内进行苹果储藏，根据库内外温差进行通风排热。

（3）**冷库储藏**　冷库的管理主要是温度的控制与湿度、通风的调节。主要是通过制冷机调节温度，维持库内稳定的低温，可安装自动调节装置，根据库内温度适时开启制冷机；湿度可用洒水或喷雾来调节。控制冷库内温度在 $-1 \sim 1$ ℃，湿度应控制 90％左右，保持适宜苹果冷藏温湿度。

（4）**气调储藏**　气调储藏需要一定的气体检测及调节设备。气调库储藏、塑料袋小包装、硅窗袋储藏、塑料大帐储藏、硅窗帐储藏等都属于气调储藏。气调库储藏是在冷库储藏的基础上，装置气体检测及调节的装置，但对气密性要求要高于冷藏库。一般气调储藏苹果，温度控制在 $0 \sim 1$ ℃，相对湿度 95％以上，调控氧在 2％～4％、二氧化碳 3％～5％。

119. 入库前进行预冷的原因有哪些？

预冷是使果实采后迅速排除果实携带的田间热，尽快冷却到适于储藏和运输的温度。预冷是冷链保藏运输中不可缺少的环节，应在采收后尽快进行，避免果品在运输过程中达到成熟状态。及时预冷则可有效减少水分散失和乙烯产生，抑制呼吸作用和酶活性，减少果实中营养成分的损失，保持果实品质、硬度和新鲜度，提高果实耐储运性，缩短冷库内降温时间，减少制冷负荷。苹果采收后应迅速预冷降温，通常从采收到入库不得超过 48 小时。预冷所需时间越长，储藏效果越差。遇冷主要有以下几种方法。

（1）自然遇冷　适用于短期储藏或短距离运输的果实。在北方和西北高原苹果产区，采后可将苹果堆放在阴凉通风的地方，利用空气对流和夜间低温，使其自然冷却达到降温的目的。此法简单、节约成本，冷却效果较好。

（2）人工预冷　适用于标准冷藏库储藏和气调库储藏。主要有风冷和水冷 2 种方法。①风冷。苹果经挑拣后，直接进入冷库，保鲜膜、包装盒等容器暂不封口，并加速库内空气循环，待果品温度降至要求后封箱堆垛，这是目前国内常用的预冷方式。还可进行强制通风预冷，将果品装在容器中，从预冷隧道的一端向另一端移动，并隧道内吹入 3～5 米/秒的冷空气，使果品冷却。②水冷。水冷是一种快速有效的预冷方法，一般采用隧道式水冷器，使装有果实的容器在水冷器中向前移动，果实上方的喷头向果实喷淋冷水，或是直接将果实浸入缓慢流动的冷水中，从一端向另一端慢慢移动，从而降低果品温度。

120. 苹果的储藏条件是什么？

大多数苹果品种的储藏适宜温度为 $-1～0\ ℃$，气调储藏的适宜温度比一般冷藏高 $0.5～1\ ℃$。对低温比较敏感的品种如红玉等 $-1～0\ ℃$ 易发生生理失调，产生低温伤害，这类品种适合储藏在 $2～4\ ℃$。苹果储藏期间湿度应控制在 85%～95%，氧气浓度 2%～3%，二氧化碳 2%～3%。

121. 苹果储藏期应注意的问题有哪些？

（1）轮纹病　在果实生长期侵入，在储藏期逐渐表现出危害症状。果实感染病菌后，初期出现褐色斑点逐渐扩大成淡褐色同心轮纹，储藏期高温高湿易发病。入库前应剔除病果、伤果，储藏期应适当降低储藏温度。

（2）青霉病　病菌主要由伤口侵入，病斑处出现绿色菌丝，并可果实内部侵染，使果肉软腐。在果实采摘、分级、运输中尽量减少机械损伤，储藏中发现烂果及时清除。

（3）炭疽病　炭疽病为真菌病害，病原菌在生长季节侵入果实并潜伏，储藏期间。开始呈褐色圆形斑点，逐步扩大成同心轮纹状斑，表面稍凹陷，病果肉呈茶褐色、软腐、有苦味。

（4）斑点病　果面出现黑褐色斑点，边缘清晰。后期病菌易在斑点部位侵入，造成果实腐烂。发生原因主要是果实采前缺磷和果实采收过早引起的。

（5）苦痘病　多发生在果实萼洼处，果面出现稍凹陷的圆斑，果皮下部褐变、干缩、果肉有苦味。苦痘病是由于果实缺钙引起的，可在土壤增施钙肥或叶面喷施氯化钙、硝酸钙，也可在入库前用5%氯化钙溶液浸泡果实。

（6）虎皮病　病果果面有褐色稍凹陷的斑块，果皮下细胞坏死呈褐色，严重时可扩散至全果。防治方法主要是适时采收，避免早采果；增施有机肥，注意氮、磷、钾肥料的合理配比；入库前可用每纸含1.5～2.0毫克二苯胺的药纸包果。

（7）低温伤害　低温伤害是因储藏库温度过低，使细胞液中二氧化碳浓度升高，果实缺氧造成褐变。初期果肉出现浅褐色斑块，病斑彼此不相连，严重时果心周围也褐变，并扩展到全果，果皮变色。果实较长时间处于-1℃以下就可能发生低温伤害，因此，要严格控制库内温度在0～2℃。

122. 苹果可以加工成的产品有哪些?

我国市场上的加工产品可以分为三大类：一是苹果液体产品，如鲜榨苹果汁、苹果浓缩汁、苹果醋、苹果酒等产品。二是苹果固体产品，如果酱、果脯、脱水苹果干、苹果全粉及速溶粉、苹果脆片等。三是苹果深加工利用产品，利用苹果残次果及废渣等生产饲料、提取果胶、酚类、膳食纤维等。

主要参考文献 | MAINREFERENCES

高照全，等，2015. 苹果安全高效生产技术问答［M］. 北京：化学工业出版社.

郭民主，2006. 苹果安全优质高效生产配套技术［M］. 北京：中国农业出版社.

劳秀荣，2000. 果树施肥手册［M］. 北京：中国农业出版社.

李林光，等，2018. 苹果实用栽培技术［M］. 北京：中国农业出版社.

吕英华，2003. 无公害果树施肥技术［M］. 北京：中国农业出版社.

束怀瑞，1999. 苹果学［M］. 北京：中国农业出版社.

杨洪强，2008. 绿色无公害果品生产全编［M］. 北京：金盾出版社.

张立功，等，2013. 苹果优质安全栽培技术［M］. 北京：中国农业出版社.

张玉星，2003. 果树栽培学各论［M］. 3 版. 北京：中国农业出版社.

图书在版编目（CIP）数据

苹果高效栽培技术有问必答／何平，李林光主编
. —北京：中国农业出版社，2020.8
（新时代科技特派员赋能乡村振兴答疑系列）
ISBN 978-7-109-27139-5

Ⅰ.①苹⋯ Ⅱ.①何⋯ ②李⋯ Ⅲ.①苹果-果树园
艺-问题解答 Ⅳ.①S661.1-44

中国版本图书馆 CIP 数据核字（2020）第 141729 号

中国农业出版社出版
地址：北京市朝阳区麦子店街 18 号楼
邮编：100125
责任编辑：廖　宁
版式设计：王　晨　责任校对：吴丽婷
印刷：北京万友印刷有限公司
版次：2020 年 8 月第 1 版
印次：2020 年 8 月北京第 1 次印刷
发行：新华书店北京发行所
开本：880mm×1230mm　1/32
印张：4.25
字数：150 千字
定价：18.00 元